国家出版基金项目
NATIONAL PUBLICATION FOUNDATION

有色金属理论与技术前沿丛书

AuSn20 焊料的制备与应用基础

PREPARATION AND APPLICATION FOUNDATION OF AuSn20 SOLDER

韦小凤　王日初　著
Wei Xiaofeng Wang Richu

中南大學出版社
www.csupress.com.cn
CNMC 中国有色集团

内容简介

Introduction

该书以国内外高气密封装用金基合金为基础，着重阐述 Au - Sn共晶合金箔带材钎料的制备与应用基础。作者探索 Au - Sn 共晶合金箔带材钎料的制备新技术，并探讨其在封装应用中的焊接性能、界面结合强度和组织稳定性；同时研究老化退火和基板表面镀层对 Au - Sn 焊点力学可靠性的影响。书中涵盖的内容对高气密、高可靠性电子封装中 Au - Sn 钎料的应用及其焊点的可靠性评估具有重要的参考价值和借鉴意义。

该书内容丰富、数据详实、结构严谨、可读性强，可以作为材料科学专业的相关教学与研究的参考用书，也可以供从事电子封装材料研究、开发和生产的技术人员参考。

作者简介

About the Authors

韦小凤，女，1983 年生，博士，西北农林科技大学机械与电子工程学院讲师。2014 年博士毕业于中南大学材料科学与工程学院材料学专业。主要从事电子封装用贵金属焊料的制备与应用研究，发表 SCI 论文 6 篇，EI 论文 7 篇。

王日初，男，1965 年生，博士，教授，博士研究生导师，中南大学金属材料研究所负责人，湖南省铸造学会副秘书长。目前主要从事快速凝固及喷射沉积技术、水激活电池阳极材料设计与制备、高热导电子封装材料、氧化物陶瓷基片及材料表面改性等几个领域的研究工作，主持国家级项目与军品项目 10 余项。在相关的研究工作中，发表学术论文 80 余篇。

学术委员会

Academic Committee

国家出版基金项目
有色金属理论与技术前沿丛书

编辑出版委员会

Editorial and Publishing Committee

国家出版基金项目
有色金属理论与技术前沿丛书

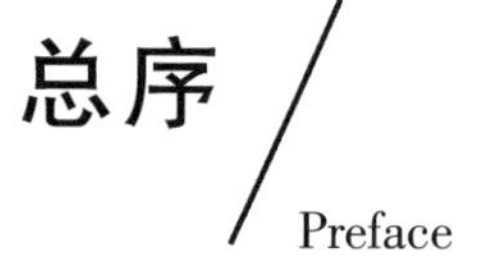

总序

Preface

当今有色金属已成为决定一个国家经济、科学技术、国防建设等发展的重要物质基础，是提升国家综合实力和保障国家安全的关键性战略资源。作为有色金属生产第一大国，我国在有色金属研究领域，特别是在复杂低品位有色金属资源的开发与利用上取得了长足进展。

我国有色金属工业近30年来发展迅速，产量连年来居世界首位，有色金属科技在国民经济建设和现代化国防建设中发挥着越来越重要的作用。与此同时，有色金属资源短缺与国民经济发展需求之间的矛盾也日益突出，对国外资源的依赖程度逐年增加，严重影响我国国民经济的健康发展。

随着经济的发展，已探明的优质矿产资源接近枯竭，不仅使我国面临有色金属材料总量供应严重短缺的危机，而且因为“难探、难采、难选、难冶”的复杂低品位矿石资源或二次资源逐步成为主体原料后，对传统的地质、采矿、选矿、冶金、材料、加工、环境等科学技术提出了巨大挑战。资源的低质化将会使我国有色金属工业及相关产业面临生存竞争的危机。我国有色金属工业的发展迫切需要适应我国资源特点的新理论、新技术。系统完整、水平领先和相互融合的有色金属科技图书的出版，对于提高我国有色金属工业的自主创新能力，促进高效、低耗、无污染、综合利用有色金属资源的新理论与新技术的应用，确保我国有色金属产业的可持续发展，具有重大的推动作用。

作为国家出版基金资助的国家重大出版项目，“有色金属理论与技术前沿丛书”计划出版100种图书，涵盖材料、冶金、矿业、地学和机电等学科。丛书的作者荟萃了有色金属研究领域的院士、国家重大科研计划项目的首席科学家、长江学者特聘教授、国家杰出青年科学基金获得者、全国优秀博士论文奖获得者、国家重大人才计划入选者、有色金属大型研究院所及骨干企业的顶尖专家。

国家出版基金由国家设立，用于鼓励和支持优秀公益性出版项目，代表我国学术出版的最高水平。“有色金属理论与技术前沿丛书”瞄准有色金属研究发展前沿，把握国内外有色金属学科的最新动态，全面、及时、准确地反映有色金属科学与工程技术方面的新理论、新技术和新应用，发掘与采集极富价值的研究成果，具有很高的学术价值。

中南大学出版社长期倾力服务有色金属的图书出版，在“有色金属理论与技术前沿丛书”的策划与出版过程中做了大量极富成效的工作，大力推动了我国有色金属行业优秀科技著作的出版，对高等院校、研究院所及大中型企业的有色金属学科人才培养具有直接而重大的促进作用。

王淀佐

2010 年 12 月

前言

Foreword

Au－Sn 共晶钎料的成分为 AuSn20。该合金具有优良的耐蚀性和抗氧化性能、良好的流动性和高温稳定性等优点，可焊接可伐合金、不锈钢、铜和镍等，尤其适用于真空器件以及航空发动机等重要零部件的焊接，因此在航空和电子工业中得到了广泛的应用。尽管如此，AuSn20 合金在电子封装中的应用仍存在一系列的缺点与不足。例如，合金极脆，难以加工成为电子封装所需的箔带材；与常用 Cu、Ni 基板焊接后形成的界面金属间化合物（IMC）层的生长影响界面结合强度；焊点服役过程中造成工作温度升高而加速焊点失效等。此外，AuSn20 焊点的失效机理及其疲劳寿命预测也有待进一步研究。

目前，主要采用电镀沉积、靶材溅射沉积及室温冷轧复合等技术制备 AuSn20 焊料，在一定程度上解决了 AuSn20 合金箔带材产品制备困难的问题。然而，电镀沉积法制备 AuSn20 合金的效率较低，难以推广应用。靶材溅射沉积法制造工序复杂，对设备要求高，制备成本高。室温冷轧复合法设备相对简单，操作方便，但是缺乏冷轧过程的变形计算，导致焊料成分均匀性差，制备技术有待进一步完善。此外，焊料的焊接性能、焊点的可靠性研究对于 AuSn20 焊料在电子封装中的推广应用至关重要，深入研究 AuSn20 焊点的断裂行为、失效机理是进行焊点可靠性评估的关键。

本书以微电子封装用箔材 AuSn20 焊料为背景，采用叠层冷轧－合金化退火法制备 AuSn20 箔带材焊料，利用扫描电镜（SEM）、X 射线衍射（XRD）和差热分析（DSC）等实验手段研究叠轧和退火过程中焊料的组织演变和性能，并制订最佳轧制和退火工艺。根据 AuSn20 焊料的实际应用情况，采用实验模拟的方法研究 AuSn20 焊料的焊接性能、焊点的可靠性，以及焊接界面失效的影响因素；结合理论计算和实验验证，探讨 AuSn20/Ni(Cu)焊点界面金属间化合物(IMC)层的生长动力学，并在此基础上评估焊点的力学可靠性。全书共分为6章，内容分别如下：第1章，介绍国内外电子封装中 AuSn20 焊料的制备与应用现状；第2章，探索 AuSn20 合金箔带材的叠层冷轧新技术；第3章，采用低温退火的方法使其合金化；第4章，研究焊接工艺和老化退火对 AuSn20 焊点的显微组织和力学性能的影响；第5章，在老化退火的基础上，研究 AuSn20 焊点界面金属间化合物层的生长动力学行为；第6章，研究在同一焊点中不同焊接界面对焊点组织和力学性能的影响，并分析双界面的耦合机理。

本书在撰写过程中得到了彭超群教授、冯艳副教授、王小锋副教授和朱学卫博士的关心和指导，其出版得到了陕西省科技攻关项目(编号：K3310216104)和西北农林科技大学博士启动项目(编号：Z109021504 和 Z109021614)的支持，在此一并表示感谢。

由于作者的学术水平有限，书中难免存在一些误漏之处，敬请同行专家和广大读者批评指正。

目录

Contents

第1章　绪　论

1.1　引言

21 世纪以来，信息技术已成为经济发展和社会进步的驱动力，被誉为人类的第四次工业革命。信息化的发展取决于软件的更新、硬件的革命和可靠性工程的实施。随着超大规模集成电路和微型化片式元器件的不断发展，电路或系统的封装和组装逐渐转变成影响电子整机和系统进一步实现高性能及小型化的主要因素。目前集成电路(IC)的封装及其与系统主板的连接，控制着计算机中央处理器(CPU)的速度和时钟频率，进而决定着计算机的性能。电子封装材料与技术已成为提升电子产品性能和可靠性的决定性因素[1-3]。

电子封装不仅直接影响着电路本身的电性能、力学性能、光性能和热性能，而且还在很大程度上决定着整机系统的小型化、多功能化及其生产成本。广义的封装一般是指将半导体和电子元器件所具有的电子和物理功能转变为适用于设备或系统形式的科学技术。狭义的封装是指利用膜技术及微细连接技术将半导体元器件与其他构成要素，在框架或基板上布置、固定并连接，形成整体立体结构的工艺技术[7]。电子封装的作用概括起来主要有以下几点：①提供芯片的信号输入和输出的连接通路；②提供半导体的散热通路，主要是散逸芯片的热量；③充当芯片的电流流通渠道；④提供半导体芯片的机械支撑和环境保护[5]。

电子封装技术是伴随着器件的发展而发展起来的，其发展史也是器件性能不断提高、系统不断小型化的发展历程[6]，大致可分为以下几个阶段：①20 世纪 80 年代前的主流形式为通孔安装器件和插入式器件封装。②20 世纪 80 年代出现的表面贴装技术(SMT)，改变了传统的插装形式，器件通过回流技术进行焊接。③20世纪 90 年代中前期出现的球栅阵列(BGA)封装，既减轻了因引脚间距不断缩小所带来的阻力，又实现了封装密度的大幅增加。④20 世纪 90 年代后期，芯片尺寸封装技术的快速发展，使电子封装进入超高速发展时期，且新的封装形式不断涌现并获得应用，如倒装片(FC)、板上芯片(COB)、多芯片组件(MCM)等。⑤进入 21 世纪，电子封装在观念上发生了革命性变化，从原来的封装元件概念演变成封装系统，已将多个芯片和可能的无源元件集成在同一封装内形成具有系统功能的模块，因而可以实现更高的集成度、更小的成本和更大的灵活性。这是电子封装的第三次重大变革，代表性的产品有系统封装(SIP)。

根据电子封装的发展历程，预测其发展趋势如下[6,7]：①电子封装继续朝着超小型的方向发展。②电子封装从二维向三维方向发展，出现三维封装形式。③电子封装继续由单芯片向多芯片方向发展。除 MCM 外，还会出现各种多芯片封装形式。④电子封装继续由分立向系统方向发展。电子封装技术的发展过程中形成了一些新领域，如微电子机械系统(MEMS)封装、微光机电系统(MOEMS)封装、宽禁带半导体高温电子封装和毫米波封装。封装技术的新进展、新领域以及人们环保意识的增强，使电子封装技术面临许多新的挑战，其中以焊料无铅化的问题最为突出。

1.2 电子封装材料

随着电子封装材料的发展以及人类健康意识的提高，人们在追求电子产品高性能、高质量的同时，更加注重其无毒、绿色和环境友好等特点。在法律和市场等因素的约束和推动下，国内外各种组织对绿色电子封装材料的研究与开发日益活跃。长期以来，锡铅(Sn－Pb) 的共晶和亚共晶焊料被广泛地应用于电子电路的封装和组装。然而铅是一种有毒的金属，对人体和环境危害极大。铅的毒性在于它在人体内不能被分解，被摄取后在人体内聚集而不能排出。其一旦与人体内的血红蛋白结合就会抑制人体的正常生理功能，改变感知和行为能力，使神经和身体发育迟缓，尤其对幼童的神经发育危害更大[8-10]。此外，电子器件中含铅材料的 α 粒子释放还可能会导致软件错误运行，因此，电子产品的无铅化势在必行。

世界各国已通过制定法律、法规来限制铅等有毒有害物质的使用。欧盟早在 2003 年 1 月就发布了“废弃电力电子设备指令”(简称 WEEE)和“电力电子设备中禁用特定有害物质指令”(简称 ROHS)，并已于 2006 年 7 月正式实施[11]。近年来，出于商业及市场的考虑，各国对无铅焊料及电子制造无铅化技术的推广非常积极，无铅焊料的研究也受到广泛重视。

1.2.1 无铅焊料合金

焊料的熔点、可焊性及其焊点的强度、疲劳和蠕变性能等均可影响电子产品的质量，选择合适的焊料对获得可靠封装和有效连接非常重要[12]。在电子封装中，焊料主要起机械连接、电气连接和热连接作用。在各级电子封装中，尤其在二级封装(将元器件或封装好的芯片组装到印制电路板 PCB 上)中，焊料是最主要的连接方式。几乎所有的微电子设备都是靠焊料封装到 PCB 板上的，其封装技术主要有通孔技术(PTH)和表面封装技术(SMT)。随着面阵封装(FCBGA)的问世，焊料在一级封装上的使用也更加普通。

焊料通常按其熔化温度范围分为两类。一般熔化温度低于450℃的焊料称为软焊料（也称为易熔焊料），常见的有锡基、锌基、铟基、铋基、镉基和镓基等。熔化温度高于450℃的称为硬焊料（也称为难熔焊料），常见的有铜基、铝基、镍基、金基、银基、镁基和锰基等。图1－1[13]所示为各类焊料的熔化温度范围。

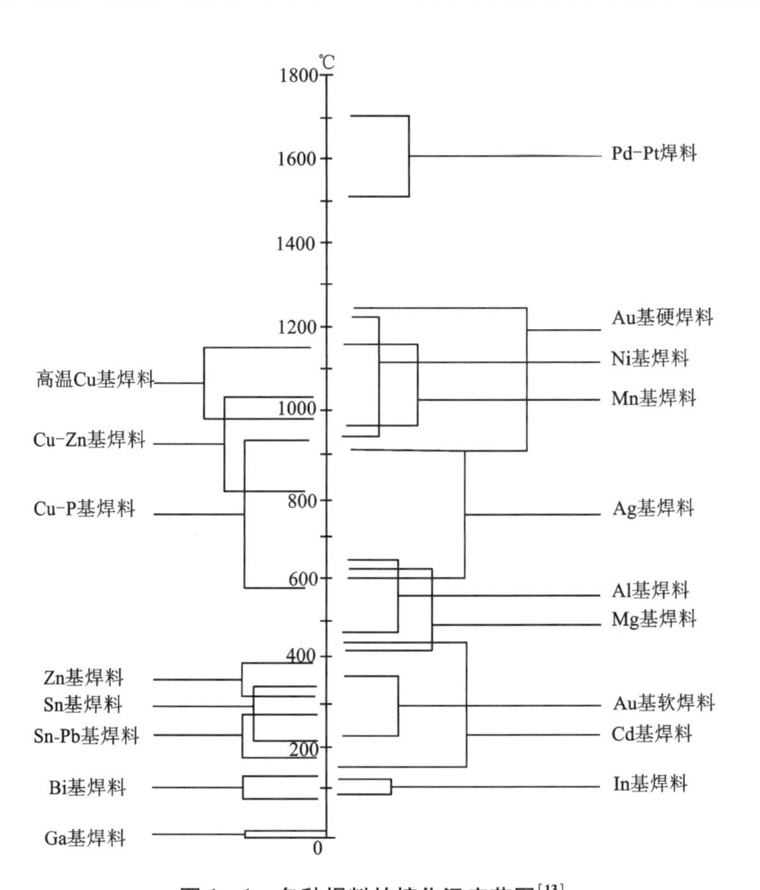

图1－1 各种焊料的熔化温度范围[13]

Fig. 1－1 Melting temperature range of the commonly used solders[13]

理想的无铅焊料应满足以下基本要求[14,15]：①具有与Sn－Pb共晶焊料相近的熔点，合金相图的液－固两相区较窄；②润湿性、流动能力以及焊点成型等工艺性能良好；③物理性能（热导率、电导率）、化学性能（耐蚀性）、力学性能（强度、延伸率、抗蠕变性、抗疲劳性、组织稳定性）等满足性能评价标准；④加工性能良好，易加工成焊丝、焊膏等所需的各种形式；⑤环境友好、无毒、可再循环；⑥具有与各种基材相近的热膨胀系数；⑦成本低廉。

1.2.2 Sn 基无铅焊料合金

目前尚未研发出可以完全取代锡铅焊料的无铅焊料。虽然 Sn - Ag - Cu 合金系被认为是最理想的替代品，但 Sn - Ag - Cu 的共晶温度比锡铅共晶温度高 30℃左右，在锡铅的焊接设备和工艺中也不适用。电子工业中无铅焊料的使用现状是针对不同的焊接工艺、可靠性要求，设计并使用最适合的无铅焊料。

常见的无铅焊料大部分都是 Sn 基或者是含 Sn 的焊料。焊接的基体材料、涂层、表面镀层，如 Cu、Ni、Ag、Ag - Pd 和 Au 等，都能与 Sn 发生化学反应形成金属间化合物(IMC)[16-20]，从而满足焊料与焊盘或基体材料的良好润湿和连接。Sn 被认为是无铅焊料中不可或缺的元素。研究工作者已经提出了很多含 Sn 合金系以及几百种成分配比，但被工业界采用的并不多，实际应用主要有以下几类[13]：

(1) Sn - In 系

Sn - In 系合金共晶成分为 Sn - 51In，共晶温度相对较低(120℃)。该系焊料具有良好的抗疲劳性能、耐碱腐蚀性能以及在 Cu 基体上润湿性好等优点，可用于高真空密封焊。但其抗蠕变性能较差，且 In 含量高，价格较昂贵，只能用于特殊场合。

(2) Sn - Bi 系

Sn - Bi 合金的共晶成分是 Sn - 57Bi，熔点为 139℃。Sn - 57Bi 焊料流动性较好，但应变速率敏感，润湿性较差。焊料熔点较低，焊接后容易产生剥落现象，这可能是由于内部应力导致非均匀形核造成的。Sb、In、Ag 等元素常被加入 SnBi 合金中形成三元合金以提高焊料的综合性能。

(3) Sn - Zn 系

该系焊料的二元共晶成分为 Sn - 9Zn，熔点为 198℃。Sn - Zn 共晶合金的熔点温度与传统锡铅焊料的共晶点(183℃)较接近，在原有的工艺条件和设备上就可以很好地利用，因此其开发价值非常显著。该合金的缺点是在 Cu 基体上的润湿性较差，且在焊接中 Zn 极易氧化和腐蚀，其应用受到了很大限制。

(4) Sn - Ag - Cu 系

该合金系被认为是最有希望成为传统锡铅焊料的替代品。迄今为止，Sn - Ag - Cu的共晶成分和共晶温度仍存在争议，但普遍认为其共晶成分为 Sn - 3.5Ag - 0.9Cu，共晶温度为 217.2℃。Sn - Ag - Cu 系焊料具有良好的力学性能和延展性，其抗拉强度和剪切强度均优于锡铅焊料。Sn - Ag - Cu 的显微组织中存在弥散分布的 Ag_3Sn 相，有利于提高合金的力学性能和高温稳定性。此外，Sn - Ag - Cu焊料还具有优良的抗疲劳、抗蠕变性能和热力学性能，被美国电子制造促进会(MEMI)、欧洲无铅化推广组织(IDEALS)、国际锡研究协会(ITRI)等国际组织推荐为SnPb焊料的替代。

(5) Sn－Sb系

该合金系的共晶成分为Sn－5Sb，熔点为245℃。该合金在高温下依然具有较高的剪切强度，而且耐冲击性能好，但其熔点较高，润湿性和延展性较差，主要应用于较高温度的焊接。

1.2.3 金基焊料合金

金基焊料具有优良的耐蚀性和抗氧化性能，良好的流动性和高温稳定性等优点。金基焊料可焊接可伐合金、不锈钢、铜和镍等，尤其适用于真空器件以及航空发动机等重要零部件的焊接，因此在航空和电子工业中得到广泛的应用[21,22]。金基焊料中常用的组元元素有Cu、Ni、Sn、Zn、In、Ge和Pd等。金基焊料按组元元素的不同可分为Au－Cu、Au－Ni、Au－Pd、Au－In、Au－Sb、Au－Ge、Au－Sn、Au－Ag－Cu和Au－Pd－Cu等系列。

(1) Au－Cu系焊料

Au与Cu可以形成连续固溶体，而且固相线与液相线温度间隔很小，因此Au－Cu焊料的塑性很好，可以制备或加工成为各种形状。但随着Cu含量增加，焊料的耐腐蚀性降低。Au－Cu系焊料广泛应用于大功率磁控管、波导管、真空仪表零部件等真空器件的焊接[6]。

(2) Au－Ni系焊料

在Au－Ni合金中，当Ni含量为17.5%(质量分数)时，合金的液相线与固相线温度差距很小，因此Au－17.5Ni是一种很理想的焊料。Au－Ni焊料的优点是对多种金属都具有良好的润湿性，而且其流动性良好，焊点有很高的强度、优良的耐腐蚀性能和较好的高温抗蠕变性能。该合金在电子工业、飞机、导弹和卫星的制造中得到广泛的应用。但是其加工性能较差，难以满足生产要求[12]。

(3)中低温金基系焊料

中低温金基系焊料的熔化温度一般在500℃以下，常用的合金有Au－Sn、Au－Ge和Au－In系等。Au－Sn和Au－Ge焊料的二元共晶温度较低，分别为280℃和361℃，最常用的添加组元是Ag。该系焊料可用于半导体组装中的引线焊接，能够获得良好的焊接效果。Au－In系焊料也具有较低的熔点、良好的润湿性和流动性，并有特殊的传导性，因此被用作焊接半导体器件的焊料。

1.3 金锡焊料

金锡共晶合金焊料具有优异的焊接性能，可制备高可靠性焊点，因此被广泛应用于微电子器件的高可靠气密封装。随计算机行业的高速发展，超大规模和高速集成电路的需求也随之急剧增长，金锡焊料的需求迅速增加。金锡共晶合金熔点为 280～360℃是目前可以替代高熔点铅基合金的最佳焊料。尽管从价格和熔点的角度考虑其应用范围受到很大限制，但由于该焊料具有优异的抗蠕变和疲劳性能，良好的导电和导热性能，而且易焊接及钎焊无需助焊剂等优点，因此被广泛应用于微电子和光电子器件的陶瓷封盖封装、金属与陶瓷封盖间的绝缘子焊接、芯片贴装以及大功率激光器半导体芯片的焊接[23,24]。

1.3.1 金锡焊料的性能

（1）金锡合金成分与相图

金锡二元相图[25]如图 1－2 所示。由图可见，金锡合金有 6 个金属间化合物，分别为 β、ζ、ζ'、δ、ε 和 η。在富金区域有 3 个金属间化合物相，分别为 β、ζ 和 ζ'；有 4 个平衡反应，分别为 532℃和 521℃的包晶反应，190℃的包析反应，以及 280℃的共晶反应。Sn 在 ζ 相中的溶解度为 9.5%～17.6%，在 β 相中的溶解度为 8.25%～9.11%。在 190℃下，ζ' 为稳定相。中低温金锡共晶合金焊料主要为 AuSn20，熔点为 280℃，由脆性六方晶格 $\zeta'-Au_5Sn$ 相和 $\delta-AuSn$ 相组成，因此合金呈脆性。

（2）金锡焊料物理性能

① 熔化温度。

由于焊接温度与焊料的熔点有关，一般比熔点高出 20～50℃，因此焊料的选择与设计最重要的指标就是熔点。如果焊料的熔点过高，则焊接过程必须在较高的温度下完成，这就要求基板材料具有良好的耐高温性能。此外，当焊接温度过高时，从焊接温度冷却到室温的温差过大，会导致较大的热变形。另外一方面，如果熔点过低，焊点在使用过程中，尤其是在功率器件的服役过程中，会产生较大的蠕变变形，导致器件失效。

金锡焊料的熔点为 280℃，其钎焊温度一般为 300～330℃，比较接近于传统电子制造业中广泛应用于芯片焊接的高铅合金焊料，因此 AuSn20 合金适合作为电子焊接材料。

基于 AuSn20 合金的共晶成分，在钎焊过程中很小的过热度可以使合金熔化并与基体润湿，而且焊点尺寸较小，焊后凝固过程冷却也很快。金锡焊料的使用能够大大缩短整个钎焊周期。此外，对于稳定性要求很高的元器件组装，金锡焊料的钎焊温度范围是恰当的，而且这些元器件也能够承受随后在相对较低的温度下利用无铅焊料组装。

② 强度。

焊料的焊接强度直接决定着元器件焊点的力学可靠性。焊接强度较高时能够获得高可靠性焊点，相反焊接强度较低时，焊点的力学可靠性较差。一般共晶合金为具有细小均匀晶粒和较高强度的合金，AuSn20 作为共晶合金也具备这些特点。几种常用的钎焊料的焊点强度如表 1－1[26, 27] 所列。AuSn20 焊料的焊接强度为 47.5 MPa，均比电子封装中常用的 SnPb37 焊料的焊接强度(26.7 MPa)和无铅焊料 Sn0.3Ag0.7Cu 的焊接强度(21 MPa)大。此外，AuSn20 焊料的高温焊接强度也比较高，能够耐热冲击、热疲劳，还能够在高温环境或者温度变化幅度大的环境下工作，因此，选择用 AuSn20 作为钎焊料的电子产品应该具有相对更高的可靠性。

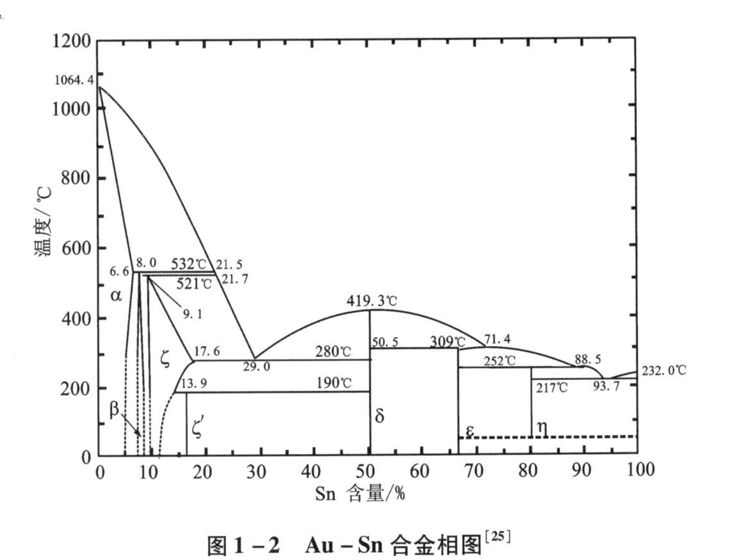

图 1－2　Au－Sn 合金相图[25]

Fig. 1－2 Binary diagram of Au－Sn alloy[25]

表 1－1　几种常用钎焊料的接头剪切强度[26, 27]

Tab. 1－1 Shear strength of the common solders joints[26, 27]

焊料牌号	焊点强度/MPa
InPb15Ag5	13.9
PbAg1.5Sn1	21.0
InBi3.5	40.0
SnCd32	17.8
InAg10	7.7
BiPb43.5	11.9
SnPb37	26.7
Sn0.3Ag0.7Cu	21
AuSn20	47.5

③流动性。

流动性是焊料在熔化后的漫流和填充能力大小的表征，良好的流动性必须有较小的熔化温度区间以及在焊接温度内有较小的黏度。焊接过程要求焊料迅速地完全熔化为液态，并填充焊缝，因此良好的流动性对焊料的使用性能非常重要。

④抗热疲劳性能。

金锡共晶合金焊料具有组织细小、强度高等特点，在接近熔点温度依然保持较高强度。此外，金锡焊料的抗裂纹扩展能力也很强，因此其具有良好的抗蠕变性能和抗疲劳性能。一些军用电子产品在使用过程中要经受温度和应力的循环变化，采用金锡焊料可以有效防止因蠕变和疲劳引起的焊点失效[28, 29]。

⑤导热性。

电子产品中焊料除了可以起电气连接和机械支撑作用以外，还要作为半导体芯片的散热通道。在选择焊料时，良好的导热性能也非常重要。

从表 1－2 可以看出，AuSn20 焊料具有最高的热导率，达到 57 W/(m · K)。在芯片焊接领域，尤其是在对散热性能要求较高的领域，金锡焊料可以将芯片使用过程中产生的热流传导给热沉材料，从而达到快速散热的效果。

金锡共晶合金焊料除了以上几个优点之外，还具有抗腐蚀性能好、良好的浸润性、对镀金层无浸蚀现象以及钎焊无需助焊剂等优点。

表 1－2　几种常用钎焊料的热导率[26, 27]

Tab. 1－2 The thermal conductivity of the common solders[26, 27].

焊料牌号	热导率/($W \cdot m^{-1} \cdot K^{-1}$)
SnPb37	51
SnSb1	29
PbSn10Ag2	27
PbSn5Ag5	26
AuSn20	57
AuSi	27
AuGe	44

1.3.2 金锡焊料的制备方法

Au－Sn 共晶合金组织由脆性金属间化合物组成，难于加工成为电子封装所需的各种规格焊料。目前，诸多学者研究了金锡焊料的制备工艺，主要有传统铸造拉拔法、冷轧复合法和电镀沉积法[30－36]。

（1）传统铸造拉拔法

该方法的工艺过程是将熔化的液态金锡合金经过浇注冷却成条状后再进行轧制拉拔，从而获得具有一定厚度的焊片。该方法最典型的是韩国专利 KR10－0593680[30]和 KR10－0701193[31]。

图1－3所示为专利 KR10－0593680 报道的制备条带状金锡合金焊料的过程。浇包中的金属液倒入储蓄槽后，通过通道流到供给槽，从供给槽流过铸造辊而冷却成条状焊料。该工艺有两个主要参数。第一个是铸造辊转速。铸造焊片的微观组织取决于冷却速度。如果铸造辊转速太大，冷却速度也大，可能形成不稳定的准非晶组织，易在常温下自发发生破裂；如果铸造辊转速太小，则组织的晶粒较粗大，力学性能变差。适中的铸造辊线速度为1～10 m/s。第二个是铸造辊表面粗糙度。一般采用粗砂纸打磨辊轮表面可防止焊片黏结在辊轮上，另一方面还可防止冲压时的裂纹扩展。该工艺一般用于制备较厚的焊片。

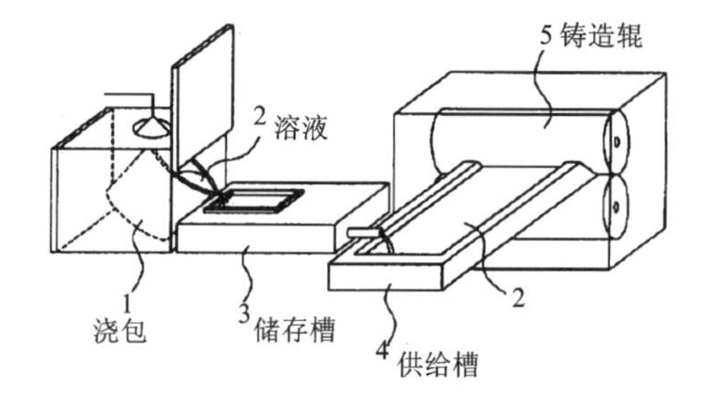

图1－3 铸造拉拔法制备金锡合金焊料示意图[30]

Fig. 1－3 Schematic of casting drawing proccess for Au－Sn alloy solder[30]

韩国专利 KR10－0701193 提出的是一种制备高韧性的金锡共晶焊片的方法。该方法的制备工序为：通过电磁感应加热金锡合金使其进入熔融状态，其中用氩气或氮气保护，当金属液具有充分流动性后，可用4 kPa的压强将金属液压出，流入辊轮轧制成片状。辊轮的制造材料为紫铜，以保证较快的冷却速度。该专利技术制备出的焊片厚度一般为0.02～0.08 mm。该工艺同样须注意辊轮的转速和辊面粗糙度，除了用粗砂纸刮出刻痕之外，辊轮表面还可以涂上异性材料以便将成型的焊片从辊面剥下。

(2) 冷轧复合法

该方法是将一定厚度的 Au 片和 Sn 片，按照交替次序相间层叠在一起（至少5层），采用多层复合技术铆合预压成复合坯料，再冷轧成所需规格的箔材，Au、Sn 片的叠合示意图如图1－4所示。该技术的典型代表有日本专利 JP58－100993[32]和美国专利 US3181935[33]。在钎焊过程中，焊料中的复合组元间在钎焊温度下通过互扩散作用形成 AuSn20 合金，使复合焊料的熔点降低。所制焊料箔材能用普通模具冲制成各种规格形状的焊片，在钎焊温度熔化并润湿母材形成焊点。目前为止，日本、美国等采用冷轧复合法制备的 Au－Sn 焊料因在钎焊过程中难以精确控制金与锡的准确比例，从而使钎焊过程中留下未合金化的金与锡，引起焊料过分扩散以及造成焊料无规则漫流，最终致使钎焊性能降低。刘泽光等[34, 35]在冷轧复合的基础上进行改进，形成叠轧－扩散合金化法(即 D－KH 法)。初步提出了将叠层带材进行进一步扩散合金化处理可以改善其使用性能，但是冷轧工艺技术和扩散合金化的具体研究及其对焊料性能的改进效果至今未见详细报道。

(3)电镀沉积法

日本专利 JP200026989[36]报道了电镀沉积法制备 Au－Sn 箔材焊料的基本思路，即使含有金和锡的离子发生氧化还原反应以形成单质金和锡沉积在基板上，而且保证金和锡含量符合共晶成分配比。其基本过程是：首先制备电镀板的面罩模型，然后将金锡合金电镀于电镀板暴露的部分，施镀完成后从电镀板上剥下金锡合金箔材。该技术存在两个主要缺点：①电镀层难以从电镀板上取下；②制备的箔材太薄，不能广泛应用。

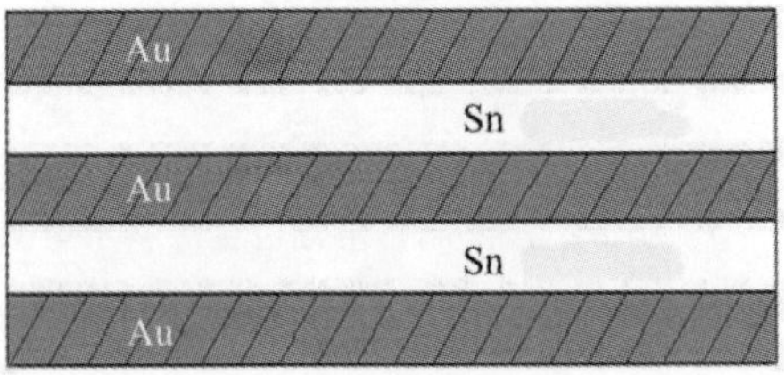

图 1－4　Au－Sn 复合层示意图

Fig. 1－4 Schematic of Au－Sn laminated layer

传统的铸造拉拔方法不可避免地将杂质带进焊料中，影响焊料的性能。有面罩的电镀方法不失为一种灵活机动的制备方法，能完全实现金锡合金的成分配比，但是沉积的厚度不易控制。国外对此方面的研究较多，形成了规模化生产，但国内尚未形成。目前，国内电子行业所用的 AuSn20 焊料几乎全部依赖进口。采用多层复合冷轧制技术制备金锡焊料的优点是焊料具有优良的润湿性和漫流性。但由于金与锡的反应量难以精确控制，导致未合金化的金影响焊点的质量。要想获得适用于高气密微电子器件封装的高质量焊接环状焊料，需进一步深入研究。

1.3.3　金锡焊料焊接技术改进

焊料制备和加工技术的不足大大限制了金锡焊料在电子封装中的应用。为了探索金锡焊料的推广方法，许多学者从金锡焊料在电子封装中使用的焊接技术着手改进。美国专利US4875617[37]报道了金锡共晶合金导线的焊接方法和结构，并公开了金锡共晶焊料的焊接工艺。该焊接工艺不仅能控制钎焊过程中锡与金的反应量，还能控制金的消耗量，适用于集成电路芯片和基底框架的钎焊。

金锡焊料在焊接过程中遇到的问题较多，总结起来可以归纳为五个要点。

(1)焊料氧化。金锡共晶焊料中Sn含量高达20%，在钎焊过程中Sn容易氧化形成SnO_2，该氧化物一方面提高了焊料的熔化温度，另一方面使焊料的流动性下降，在盖板和管壳金属上的浸润性变差，从而影响气密性。

(2)焊接压力的控制。焊接时盖板和底座所承受的压力大小会对电路产生影响，压力过小可能出现封装失败或气密性差等现象，而压力过大可能会导致溢盖从而影响电路的外观。

(3)焊接温度的选择。封装过程中温度偏低则造成漏气，而偏高会导致电路溢盖。封装温度一般比熔点高30℃左右，因此对于Au－Sn焊料一般选择焊接温度在310℃左右。

(4) 钎焊时间的选择。在相同的焊接温度下，焊接时间过长则电路溢盖使表面下降，时间过短则焊料熔化和填充不充分、焊接不严密，使气密性变差。因此当选择不同的焊接温度时，最佳焊接时间也不同。

(5) 焊料环、盖板、管壳金属上框的清洁。在电路的生产过程中，黏附的油污、杂质及其表面氧化物都会使焊接质量和密封可靠性大大降低。

金锡焊料在使用过程中出现的问题，严重影响金锡焊料在电子封装领域的推广应用，因此，许多学者及有经验的工程师针对这些问题制订了以下应对方案。

(1)金锡焊料的制备和焊接基本保持在真空条件下完成，一般真空度要求小于1.3 Pa，在此环境下基本可以解决焊料的氧化问题。

(2)对于焊接压力控制的问题，不再采用重量砝码，而是使用专用夹具，而且一般为不锈钢或钼所制，厚度为0.38 mm左右，夹具在管壳和盖板上的接触面间隔距离一般为0.9～1.4 mm。

(3)对于焊料环、盖板及管壳金属上框的清洁问题，通过结合资料查询与实验，得出丙酮可作为清洗剂的结论。先将黏附油污、杂质的管壳金属上框或盖板进行超声波清洗，然后用蘸上丙酮的超净布擦拭，以达到清洗的目的。

(4)封装焊接所选择的焊接温度必须能够使焊料具有最佳的流动性和润湿性。焊料熔化需要一定的过热，一般焊接温度要高于焊料熔点。在熔化温度焊料的流动性也比较差，焊料熔化后应该继续加热，当焊料发生润湿作用时立即停止加热。经验证明，焊料润湿后如果继续加热会使产品温度升高而导致焊料无规则漫流，使焊接质量下降。因此在一般的回流焊曲线中都有一个明显的钎焊温度高峰值，而且在峰值温度的保温时间很短，保温结束后的冷却阶段下降速度非常快。

1.3.4 金锡焊料与基板的界面反应

焊点内部的显微组织以及焊料和基板界面处的显微组织决定焊点的力学性能。而焊接工艺和器件服役过程中因发热引起的焊点老化现象，以及热循环等决定了焊点的原始显微组织形貌和演变过程。在钎焊过程中，焊料与金属基板(元器件表面金属镀层、印刷线路板表面涂层等)发生化学反应，金属间化合物(IMC)形核并在焊料/导体金属界面处逐渐长大。目前为止尚未研发出可以抑制 IMC 形成的合金元素。众所周知，焊料与基板之间通过形成 IMC 层来实现浸润和冶金连接，一层薄且连续均匀的 IMC 层有利于界面的良好结合。但是由于 IMC 层较脆，且厚度增大会产生结构缺陷，因此太厚的 IMC 层使焊点的可靠性降低[38]。可见，焊料和基板界面处的反应会影响浸润性、焊点强度和可靠性。研究焊点的界面反应，并深入了解其影响因素对焊点的失效分析、寿命评估等都具有重要意义。

在钎焊中常用助焊剂去除氧化膜以实现焊料与焊盘之间的良好润湿，然而助焊剂残渣清洗工艺复杂且严重污染环境[39]，且在光电子封装中使用助焊剂还会污染有源发光表面，因此光电子封装通常采用无需助焊剂的焊料。

随着无铅化的发展，Au－Sn 焊料得到了广泛研究[40－43]，AuSn 焊料的焊点界面反应的研究按照基板材料的不同主要分为 AuSn 焊料与 Cu 的界面反应、AuSn 焊料与 Au/Ni/Cu 的界面反应、AuSn 焊料与 Au/Ni(P)的界面反应、AuSn 焊料与 Au/Pt/Ti 的界面反应以及 AuSn 焊料与 Au/W/Ti 的界面反应等。

Chung 等[21]研究了常规铸态 Au－Sn 合金焊料与 Cu 焊盘的界面反应，结果表明：在 330℃钎焊不同时间后，焊点界面形成了大量柱状的 $\zeta-(Au, Cu)_5Sn$ 相，而且在 $\zeta-(Au, Cu)_5Sn$ 相和 Cu 之间形成了 AuCu 层。当钎焊时间延长至 60 min时，Au－Sn 焊料内部形成枝晶 ζ 相，如图 1－5 所示。此外，文中还指出，焊点中焊料质量分别为 2.22 mg 和 4.00 mg 时，组织中 $\zeta-(Au, Cu)_5Sn$ 相和枝晶的尺寸大小存在较大差异。

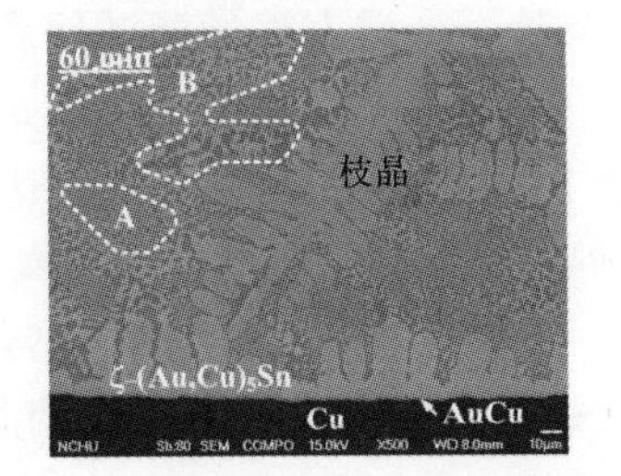

图 1－5 Au－Sn/Cu 界面微观组织[21]

Fig. 1－5 Microstructure of Au－Sn/Cu interface[21]

Au/Ni/Cu 结构的基板由于与 Sn 基焊料润湿性良好，而且是良好的界面扩散阻隔层，因此在微电子封装中得到了广泛的应用[44-47]。其中，Au 作为表面层起到防止焊盘氧化和促进焊料润湿的双重作用[48]。在 Au/Ni 结构镀层中，Au 层在钎焊过程迅速溶于焊料中，Yoon 等[49, 50]认为 Au 层极薄(0.15 μm)，它的溶解对焊点成分的影响可以忽略不计。Ni 作为阻隔层，钎焊过程中参与界面反应形成 Ni - Sn 化合物，对焊点的性能产生影响[51]。Song 等人[52]研究了在红外再流过程中 Au - Sn 焊料凸点在 Au/Ni/Cu 焊盘上形成的界面微观组织。结果表明，在刚焊完的焊点界面形成了大量岛状的 $\zeta-Au_5Sn$ 相、不规则的 $(Ni, Au)_3Sn_2$ 相以及不明显的(Au, Ni)Sn 层；在 200℃老化退火 365 天后 $\zeta-Au_5Sn$ 相长大连成一片，$(Ni, Au)_3Sn_2$ 相逐渐平坦化，(Au, Ni)Sn 层厚度增加，$(Ni, Au)_3Sn_2$ 和(Au, Ni)Sn 生长成明显的层状，在背散射照片中两种相的衬度较大，边界线非常明显，如图 1-6 所示。此外，他们还报道了界面 $(Ni, Au)_3Sn_2$ 和(Au, Ni)Sn IMC 层厚度的生长行为，结果表明，IMC 层的厚度随退火时间 t 的 0.5 次方的增加而呈线性增长，但其生长速率仅是在 Cu 上的一半。

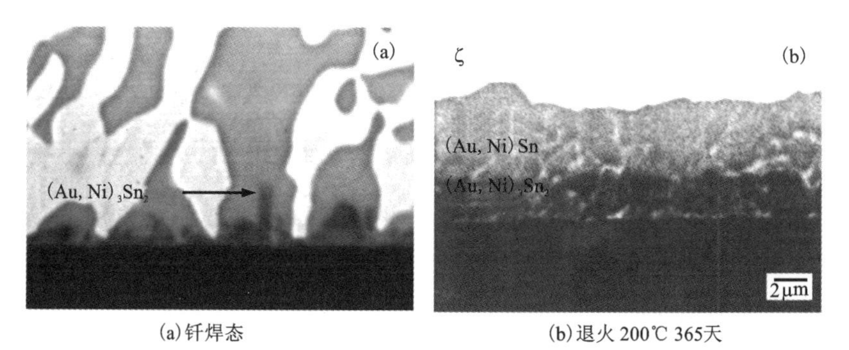

(a)钎焊态　　(b)退火 200℃ 365天

图 1-6　AuSn - Au/Ni/Cu 焊点界面微观组织[52]

Fig. 1-6 Microstructure of AuSn - Au/Ni/Cu joint[52]

Yoon 等[53]研究了共晶 AuSn 焊料与化学镀 Au/Ni(P)层的界面反应，其中 Au 层为 0.15 μm，Ni(P)层为 5 μm。结果表明，钎焊 90 s 的焊点界面形成泡状的(Au, Ni)Sn 相和不明显的 Ni_3P 层；钎焊 5 min 后，在(Au, Ni)Sn 和 Ni_3P 层之间产生 $(Au, Ni)_3Sn_2$ 层，而且 Ni_3P 层厚度明显增加，如图 1-7(a)和(b)所示。在 250℃老化退火 1000 h 后，界面处形成 (Au, Ni)Sn 层，但是在(Au, Ni)Sn 层中形成 Ni 的浓度梯度，Ni 的含量随与钎料的距离增大而逐渐减小，而且在不同浓度 Ni 的(Au, Ni)Sn 层中出现明显的分界线，该分界线的产生机理有待进一步研究。退火 1000 h 后，Ni_3P 层转变成为 Ni_5P_4 层。由于 Au/Ni(P)层局部被消耗完全，因此部分焊料与基板 Cu 反应形成 Au_3Cu 和 AuCu 层，如图 1-7(c)所示。

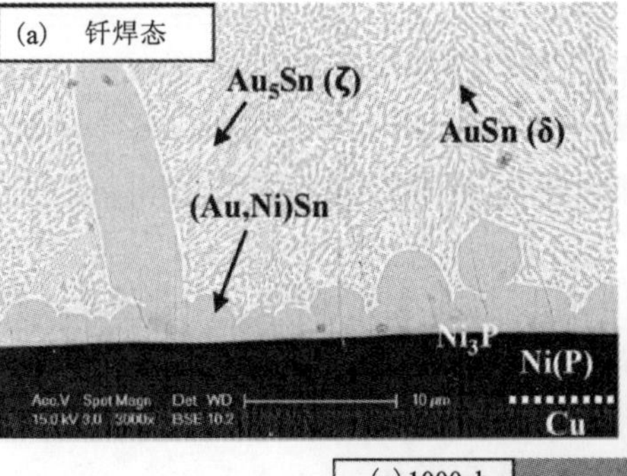

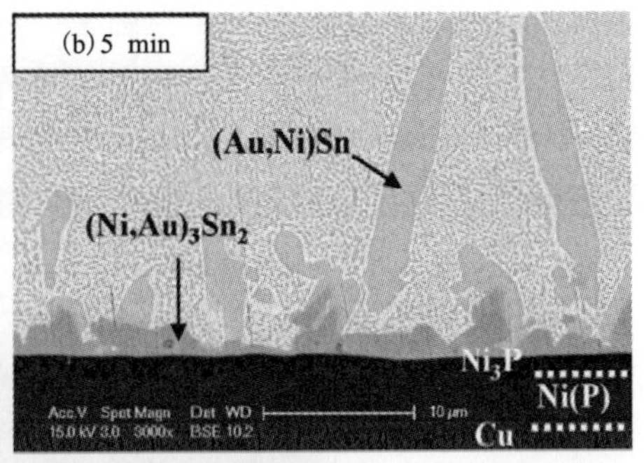

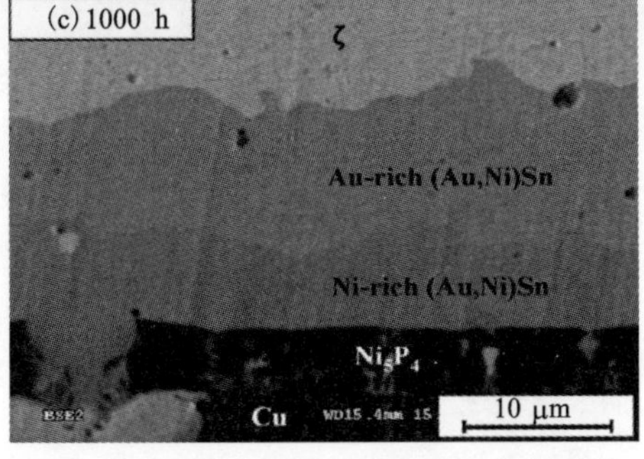

图 1-7　AuSn-Au/Ni(P)界面微观组织[53]

(a)钎焊 90 s；(b)钎焊 5 min；(c)退火 1000 h

Fig. 1-7 Microstructure of AuSn-Au/Ni(P) joints[53]

1.4　焊点可靠性

1.4.1　引起焊点失效的主要原因

随着集成电路技术的不断发展和电子封装技术的不断进步，电子元器件要求焊点尺寸越来越小，但是承受的力学、热学和电学载荷却越来越高，因此在电子工业中焊点的可靠性问题变得越来越突出。研究表明[54-56]，电子工业中由于封装及组装失效而引起的电子器件失效占总失效器件的70%，其中焊点的失效是封装及组装失效的主要原因。因此，焊点的可靠性已成为电子封装领域的热点研究方向之一。

综合考虑电子封装焊点的工作性质和环境，引起焊点失效的主要原因有以下几种。

(1)热循环

电子元器件在服役过程中，电路的周期性通断和环境温度的变化都会使焊点经受热循环冲击。由于封装和组装材料的热膨胀系数存在差异，在经受热循环冲击时焊点界面处会产生热应力，使焊点萌生裂纹并扩展，最终导致焊点因热疲劳而失效。又由于相对于服役环境焊料的熔点较低，随时间延续而导致蠕变损伤。通常认为焊点在热循环冲击下的失效机制是蠕变和疲劳的交互作用[57, 58]，电子封装的焊点失效绝大多数情况是由热循环造成的。

(2)焊接工艺

由于焊接工艺制订或执行不当，常造成虚焊、短路等焊接缺陷；焊接过程中的冲击、振动及焊后过度的超声清洗也会造成焊点的机械损伤，从而使焊点可靠性降低。

(3)固相老化

在钎焊过程中，熔融的焊料与洁净的基板发生润湿后，在界面处产生金属间化合物层。焊点服役过程发热使焊点发生固相老化，导致化合物层的厚度逐渐增大。当化合物层的厚度超过某一临界值时在焊点中表现为脆性。化合物各组元的扩散速率不同而产生 Kirkendall 空洞，在焊点界面处微裂纹萌生甚至断裂。一般而言，界面处化合物层越厚，焊点在其间发生脆性断裂的倾向越大[59]。

(4)其他因素

电迁移[60, 61]、电腐蚀、化学腐蚀[62]和振动环境[63]等因素也可以导致焊点失效。

1.4.2　无铅焊点可靠性的影响因素

随着无铅化的发展，常用于电子封装的高铅焊料转变成为无铅焊料，无铅焊接的工艺参数也随之进行调整，这种情况势必会给焊点的可靠性带来新的挑战。目前使用较为广泛的无铅焊料是 Sn – Ag – Cu，其共晶温度在 217℃左右，与传统使用的高铅焊料相比，熔点温度明显增大，无铅焊接温度高峰值增大，随之会带来焊料易氧化、界面金属间化合物层生长迅速等问题。此外，由于焊料不含铅，焊料与基板间的润湿性变差，从而使焊点的气密性、力学性能等难以满足封装要求。在含铅焊接工艺下，焊点不合格率一般能够控制在 0.05% 以下，而无铅工艺下焊点的不合格率高达 0.2%~0.5%。

综上所述，无铅化焊点的可靠性仍存在许多问题。这些问题主要来源于焊点的剪切疲劳、蠕变裂纹、电迁移、焊料与基体界面 IMC 的脆性裂纹、Sn 晶须生长引起的短路、电腐蚀和化学腐蚀等方面。引起这些缺陷的可控因素在于焊料选择、PCB 基板结构设计与焊接工艺等。

①焊料选择。由于无铅焊料和传统锡铅焊料的成分不同，两者与基板材料，如 Cu、Ni 和 Ag 等的反应速率及反应产物也不同，导致焊点的可靠性不相同。此外，焊料和助焊剂不兼容会导致焊料与基板间的附着力减小，导致焊点的力学可

靠性降低。焊料与助焊剂的热膨胀系数不匹配，会加快焊料周期性的疲劳失效。因此，只有选择兼容性优良的焊料和助焊剂，才能减小无铅焊接的高温冲击对焊点的不利影响。在无铅焊接中常见的、且不可避免的问题就是出现孔洞。

孔洞是电子元件中焊点的主要缺陷，它会潜在影响焊点的力学性能，降低焊点的强度、韧性、抗蠕变和疲劳寿命[66, 67]。孔洞的产生与焊料的选择密切相关，孔洞的形成是影响焊点可靠性的重要因素之一，在 BGA/CSP 等器件上表现得尤为突出[68]。目前，各国的消费电子公司似乎都接受锡银铜为传统锡铅焊料的最佳替代产品。但是锡银铜的熔化温度比传统锡铅焊料的熔化温度高出 34℃左右。在焊接过程中，熔融状态的锡银铜焊料比锡铅焊料的表面张力更大，表面张力的增加势必会使气体在冷却阶段的外溢更加困难，使得孔洞比例增加。因此，无铅焊料的应用有待进一步研究。

②基板结构设计。如果基板结构设计不合理，如发热量较大的元件分布密集、焊点间距过小等，回流焊时在相邻高大元件之间会产生“高楼效应”或形成热风冲击，使焊点可靠性降低。另外，各互连焊接部件均来自于不同生产厂商，因而部件质量难免参差不齐，如果基板结构排布中存在可焊性差距较大的器件引脚，则在无铅焊接过程中会产生不合格焊点，使器件的可靠性降低。

③焊接工艺。从无铅焊接的现状来看，回流焊工艺温度曲线的优化对电子封装无铅化的发展和推广至关重要。优良的焊接工艺在保持尽可能低的峰值温度的前提下，完成了高可靠性的焊接。因此严格监控回流焊工艺中的关键变量，如峰值温度、高于液相温度的时间、浸渍时间、浸渍温度以及选择的焊剂和焊膏等，对焊点的可靠性至关重要。

影响焊点可靠性的因素较复杂，通常都是几个因素共同作用的结果，例如，在焊料选择和焊接工艺设计时，两者是相互对应的。具有最佳性能的焊料，如果在不匹配的焊接工艺下使用，焊点的可靠性也会很差。此外，不同的焊料和焊接工艺所对应的基板结构设计标准也不尽相同，虽然影响焊点可靠性的因素总结为焊料、基板结构设计和焊接工艺三个方面，但是这三个方面对特定的焊点而言是一个整体，它们是相辅相成的。

1.4.3 无铅焊点可靠性测试方法

在不同的焊点结构和工作环境中，焊点的可靠性要求不同，因此焊点的可靠性测试方法也是种类繁多。目前，焊点的可靠性测试方法主要有焊点的剪切和拉伸测试、引线及连线的拉伸测试、芯片剪切和拉伸测试、蠕变及疲劳测试、X 射线检查、芯片断裂测试、高温高湿测试、跌落试验、随机震动和金相分析等[70, 71]。为在适当环境、合理时间内进行可靠性试验，需进行加速试验，以在更短的时间内观测到失效模式，获得产品的可靠性数据[72]。加速测试的结果可以通过加速因子转换成为实际服役条件下的失效概率方程、可靠性函数以及失效率等[73]。一般焊点的失效模式主要是在力载荷和热循环的作用下发生的蠕变和疲劳失效，因此对无铅焊点进行剪切和拉伸测试、蠕变和疲劳测试等是最简单，也是最基本的可靠性测试方法。

（1）剪切和拉伸测试

这是材料力学性能测试中最为简单和普遍的方法。焊点的剪切性能测试就是在恒温下，选择一定的应变速率，观察焊点的应变随时间的变化。焊料及焊点的蠕变性能测试通常有4种机械测试方法[74-76]：第一种是传统单轴拉伸蠕变试验。该方法与简单拉伸测试较为相似，即在恒定拉应力条件下观察应变随时间的变化，但其采用的恒定拉应力一般比简单拉伸试验的拉应力小。第二种是基于单轴压缩蠕变测试研究焊点的蠕变性能。第三种是通过固定变形下的应力松弛试验来评价其焊点的蠕变性能。第四种是通过纳米压痕法来评价其蠕变性能。其中，传统单轴拉伸蠕变试验是最常用的方法。它不仅能模拟焊点服役过程中的荷载条件，而且还能提供静态蠕变速率与温度及应力大小的关系，更有助于了解蠕变机制。

（2）蠕变和疲劳测试

根据焊点所受应力的大小以及在失效前所经受循环次数的多少，焊点疲劳可分为高周疲劳和低周疲劳。经研究，焊点在振动、冲击载荷作用下的失效一般属于高周疲劳失效[77]，而在热循环载荷作用下的失效一般属于低周疲劳失效[78]。由于后者占主导地位，因此焊点的可靠性评价中更关注其低周疲劳行为。总体来说，常用以下四种加速疲劳测试方法对其低周疲劳性能进行研究：

①热疲劳试验。

热疲劳试验是最常用的疲劳测试方法，特别是当芯片或芯片载体与基板材料间存在较大的热失配时多采用该方法。其优点是温度容易控制且不需要功率芯片，缺点是不能描述芯片及基板间的热梯度，并且所需时间较长。

②功率循环试验。

该测试方法使用功率（热）芯片来给封装体加热，其优点是与实际运行状况非常接近，缺点是温度控制特别困难而且需要功率（热）芯片。

③热机械疲劳试验。

该测试方法是，同时施加热载荷和机械载荷，适合模拟伴有机械载荷的热疲劳失效，但试验非常困难。

④等温机械疲劳试验。

该测试方法是在恒定温度下施加机械往返荷载，有助于加速测试进程和测量封装中的应力和应变[79]。

需指出的是，上述的焊点可靠性测试方法只模拟了焊点在理想状态下的工作环境，只在单一负载下进行测试。但是实际电子封装中的焊点通常都在具有电场、磁场、热影响、外应力、潮湿和酸碱性腐蚀等较为严酷的环境中工作，承受多种载荷的作用，如蠕变、疲劳、振动等，各种载荷间有时还存在复杂和剧烈的耦合作用。因此，建立同时具备热、应力、电场、磁场等载荷的复杂服役环境，模拟焊点在一种或几种载荷下的服役状态，并对其进行测试，对实际焊点的疲劳评估具有更加直接的指导作用，同时对焊点的失效机理分析、焊点失效过程预测及焊点可靠性综合评价都具有重要的意义，但这些方面的研究目前尚处于起步阶段。

现阶段的研究中，无铅焊点的可靠性测试主要是对电子组装产品进行热负荷试验，其中包括温度冲击和温度循环试验。按照疲劳寿命试验条件对电子器件的焊接部位进行机械应力测试，然后利用相应的理论模型对器件的使用寿命进行评估。无铅焊点的研究中使用最为普遍的理论模型中有适合于低循环疲劳的 Coffin - Manson 模型。随着研究工作的不断深入，在低循环疲劳测试中考虑平均温度与频率的影响时，理论模型 Coffin - Manson 得到了进一步修正，而且在考虑材料的温度特性及蠕变关系时，Coffin - Manson 模型也适用。除了焊点普遍使用的测试手段以外，无铅焊点的可靠性测试方法通常还有外观检查、X 射线检查、准自动焊点可靠性检测技术等。

在目前的无铅焊点可靠性测试研究中，针对焊点与连接元器件热膨胀系数不同而进行的温度相关疲劳测试，对无铅焊点的可靠性评价具有重要意义，其中包括等温机械疲劳测试、热疲劳测试及耐腐蚀测试等。研究表明[54, 63]，根据测试结果可以确认相同温度下不同无铅焊料的抗机械应力能力不同，而且不同无铅焊料在各种疲劳测试中显示出不同的失效机理，失效形态也各不相同。

对电子行业的制造商而言，元器件的可靠性问题属于比较高层次的考虑因素，他们会从制造工艺和生产成本的方面来考虑电子产品的质量。虽然优良的制造工艺对元器件的可靠性也是非常重要的，但是没有先进的制造工艺就没有高的可靠性。要从根本上解决无铅化改革所出现的可靠性和焊点失效问题还得从改进焊料的性能和焊接工艺着手，可靠性检测技术在解决焊点可靠性问题的探索中只能起到辅助作用。

1.4.4 焊点可靠性预测

AuSn20 焊料的适中熔点和良好的热学、电学性能使其在微电子和光电子封装领域得到广泛应用，常在半导体工业中作为密封和芯片焊接材料，其在服役过程中不可避免地要承受载荷和热效应的影响。目前，关于 AuSn20 焊料焊点的可靠性研究集中在热影响下的力学性能稳定性、蠕变与疲劳行为及寿命预测三个方面：

(1) 力学性能稳定性

了解焊点组织和力学性能的热稳定性是可靠性评价中最基本的要素。焊料焊点的力学性能是采用有限元模拟方法评估可靠性的过程中必不可少的考虑参数。然而，由于 AuSn20 焊料的制备技术和应用研究还在初级阶段，有关 AuSn20 焊料合金及其焊点力学性能稳定性的报道并不多。张国尚[80]采用单轴拉伸试验、单轴拉伸蠕变试验、纳米压痕试验以及等温低周疲劳实验检测了 AuSn20 铸态合金的力学性能。他认为 AuSn20 铸态合金的力学性能随温度和应变速率的变化而变化。Chromik 等[81]采用纳米压痕法测量了 Au－Sn 系化合物的力学性能，但其稳定性有待进一步研究。

（2）蠕变与疲劳行为

焊点的蠕变及疲劳行为是目前 AuSn20 焊料焊点可靠性研究的热点，也是 AuSn20 焊料及其焊点可靠性评价的核心内容。Bourcier 等[82]通过传统单轴压缩蠕变试验对 AuSn20 焊料进行了研究，给出了符合 Norton 幂次律关系的稳态蠕变本构方程。Dudek 等[83]采用热搭接剪切测试手段研究了 AuSn 焊料焊点的低周疲劳行为。他的研究表明，焊点沿相边界失效，而不是沿最大塑性变形的路径失效，这与以前观测到的 SnPb 及 SnAgCu 等软焊料的失效模式不同。现有文献中尚未报道有关反映 AuSn20 焊料及其焊点疲劳行为的本构模型。有关不同蠕变测试方法获得的结果之间如何进行有效的相互转换也有待进一步研究。

（3）寿命预测

电子元器件的服役环境非常复杂，焊点的力学行为、封装的三维特征以及焊点失效的分布统计等对其寿命预测都有较大影响。目前对电子产品进行非常准确的寿命预测是很困难的，因此研究者提出了几十种焊点的疲劳寿命模型。根据焊点产生损伤的机制，疲劳寿命预测模型大致可以分为断裂力学、蠕变应变、塑性应变、能量、应力、损伤积累和经验等 7 类。由于每一种模型的边界条件不同，针对具体的焊点进行寿命预测时，要根据实际服役条件，确定焊点的损伤机制，最终选择最恰当的预测模型进行分析。一般寿命预测只能达到近似评估，难以精确预测。

1.5　需要研究的内容

随着电子元器件的不断革新以及焊点可靠性要求的进一步提高，AuSn20 焊料的制备技术、焊接性能及其焊点失效机理的分析仍是目前热点研究内容之一。此外，电子产品不断向轻、薄、小的方向发展，对焊料等互联材料可加工性的要求也越来越高。而合金状态的 AuSn20 由脆性的六方晶格 Au_5Sn 和 AuSn 相组成，难以冲压成型和加工成较薄的箔片产品[23, 27]。

目前国内有人提出[35]采用叠层冷轧法制备 AuSn20 焊料，但该法制备的

AuSn20 焊料存在两个方面的不足：一是焊料的组织不均匀及成分不稳定。常温下 Au 和 Sn 的变形抗力不同，导致轧制变形不均匀，焊料成分起伏。只有严格控制 Au 层和 Sn 层厚度比，采用适当的轧制工艺才能保证 AuSn20 焊料成分的稳定性。二是焊料的焊接性能不佳。叠层冷轧的 AuSn20 焊料依靠钎焊过程中单质 Au 和 Sn 快速反应形成共晶合金，在钎焊温度内熔化形成钎焊焊点。由于钎焊时间较短，通常扩散反应不完全，残留未合金化的单质 Au，使焊点的气密性和力学性能降低。同时，钎焊时 Au 和 Sn 发生反应形成 IMC 的过程导致焊料无规则漫流，影响焊点的清洁度。

AuSn20 焊料的焊点在服役过程中要经受力、热和电载荷的作用，以及热膨胀系数不匹配而产生的应力。AuSn20 焊料的焊点必须具有良好的气密性、力学性能和清洁度才能保证光电器件的高可靠性。为了解决现有 AuSn20 焊料制备技术的不足，本书在现有技术的基础上，系统研究 AuSn20 焊料的叠层轧制工艺、完全合金化退火工艺及其钎焊界面反应特征、服役过程的组织和性能演变，并对其焊点可靠性进行评估。研究的主要内容包括：

①优化 AuSn20 焊料的叠层冷轧工艺参数，研究轧制工艺对焊料组织的均匀性和成分稳定性的影响。

②为克服未合金化单质 Au 的残留问题，研究叠层冷轧后 AuSn20 焊料在固态温度完全合金化的退火工艺，为 AuSn20 箔带材焊料的制备提供理论依据。

③研究 AuSn20 焊料的焊接性能，通过退火热处理模拟焊点在服役过程中热效应引起的老化现象对焊点组织和力学性能的影响，并探讨焊点在剪切载荷作用下的失效模式，分析焊点失效的影响因素，为 AuSn20 焊料的实际应用提供理论参考。

④研究 AuSn20/Cu(Ni)焊接界面金属间化合物(IMC)层的生长动力学，并以此为理论指导焊点力学可靠性评估。

⑤研究 Cu/AuSn20/Ni 焊点中存在不同界面时的耦合反应，分析耦合效应对焊点组织、力学性能和界面 IMC 层生长行为的影响。

本书研究流程图如图 1－8 所示。

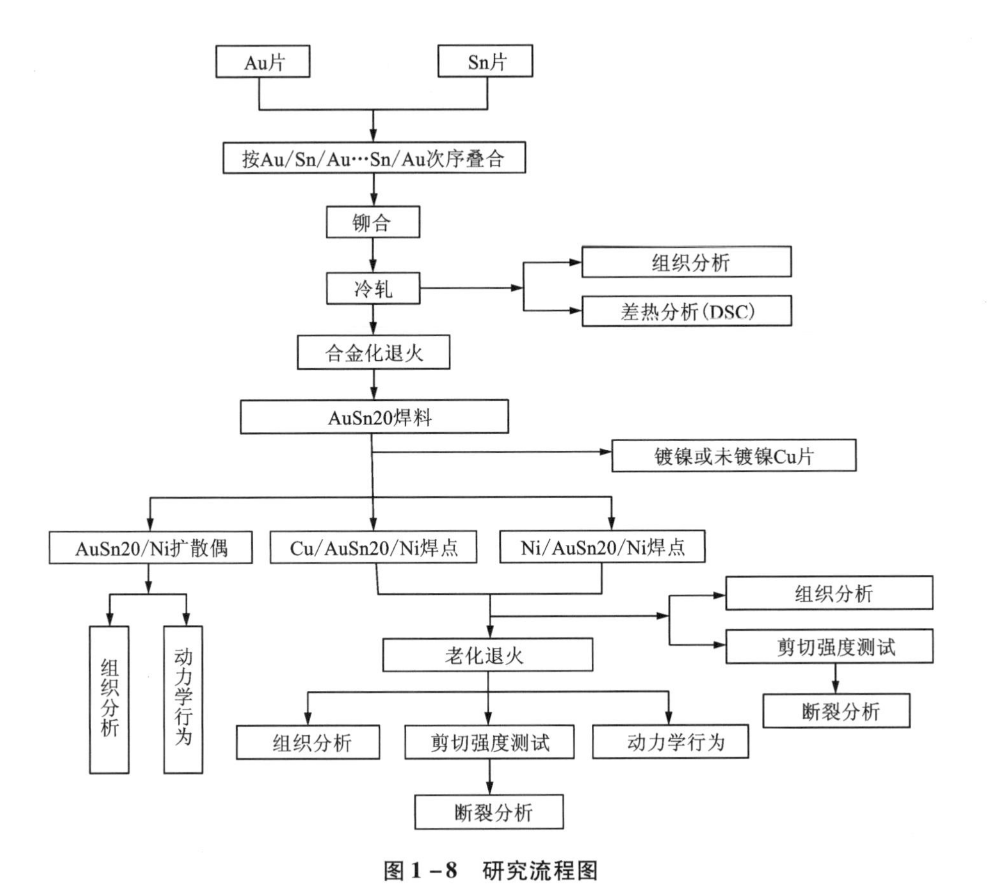

图 1－8　研究流程图

Fig. 1－8 Process diagram of the research

第 2 章　叠层冷轧法制备 Au/Sn 复合带

2.1　引言

叠层冷轧法就是利用 Au 和 Sn 纯金属都具有良好的延展性的特点，将厚度相同或不同的 Au 片和 Sn 片，根据质量配比要求，按 Au/Sn/Au…Sn/Au 的次序逐层叠合，在一定压力下铆合后，冷轧至所需规格的箔带材。该方法制备的 Au－Sn 箔带焊料由单质 Au 层和 Sn 层组成，在合金化退火处理之前未形成均质合金，因此称之为 Au/Sn 复合带。

由于 Au 和 Sn 纯金属的硬度差别较大，并且锡的熔点很低，可以实现室温退火，不会出现加工硬化现象，而金的熔点高，会出现比较大的加工硬化现象。因此，原始叠合的成分经过冷轧后，锡很容易被挤出，不恰当的轧制工艺会导致金锡焊片的成分与焊料所需的成分有偏差，引起焊料熔点与预计的熔化温度不一致，进而影响焊接性能。显然，采用叠层冷轧法制备 Au/Sn 复合带时，原始叠层的厚度比以及轧制工艺对焊料的组织和性能都产生较大影响。

本章通过对叠层冷轧过程中金、锡的变形行为进行分析，研究轧制工艺对 Au/Sn 复合带组织、成分和性能的影响，确定叠层冷轧 Au/Sn 复合带的最佳轧制工艺。

2.2　实验

2.2.1　叠层实验设计

实验原材料是纯度为 99.99% 的 Sn 片，尺寸为 20 mm × 12 mm × 0.1 mm 和 20 mm × 12 mm × 0.25 mm，以及纯度为 99.999% 的 Au 片，尺寸为 20 mm × 12 mm × 0.2 mm 和 20 mm × 12 mm × 0.4 mm。将酒精清洗干净的 Au 片和 Sn 片按Au/Sn/Au…Sn/Au 的次序叠合不同层数，叠合 7 层的示意图如图 2－1 所示。叠合时 Au 层和 Sn 层的厚度随叠合层数的不同而改变，不同叠合层数的复合带中原始 Sn 含量也不相同，具体数据如表 2－1 所列。叠合 11 层的样品是两个冷轧后的叠合 5 层复合带中间夹入一个 0.05 mm 厚的 Sn 层。令 Sn 层总厚度与 Au 层总厚度之比为 K，则在 5、7、11 层叠轧中 K 分别为 0.63、0.75 和 0.66。

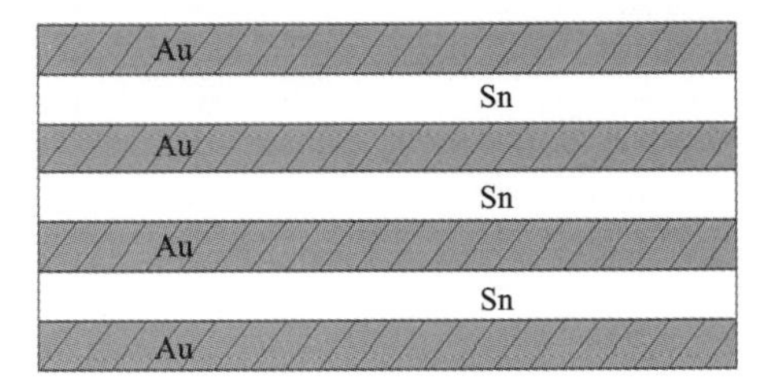

图 2－1　Au/Sn 复合带叠合 7 层示意图

Fig. 2－1 Schematic of Au/Sn composite belt with 7 layers

表 2－1　Au 和 Sn 层在不同叠合层数中的厚度

Tab. 2－1 Thicknesses of Au and Sn layers in different composite belts

叠合层数	Au 层厚度/mm	Sn 层厚度/mm	Sn/Au 厚度比 K	原始 Sn 含量/%
5	0.2, 0.4(中间层)	0.25	0.63	19.1
7	0.1	0.1	0.75	22.1
11	0.2, 0.4	0.25, 0.05	0.66	19.9

2.2.2　叠层冷轧

Au、Sn 片叠合后在 650 MPa 压力下铆合，保压 300 s，然后在小型精密双辊轧机上经多道次冷轧至 0.05 mm。实验过程采用多种不同的轧制工艺对叠合 5、7、11 层的复合带进行冷轧，其中道次压下率不同的两种工艺参数如表 2－2 和表 2－3所列。为了描述方便，将表 2－2 工艺记为 A 轧制工艺，表 2－3 工艺记为 C 轧制工艺，C 轧制工艺中到第 10 道次止记为 B 轧制工艺。

表 2－2　Au/Sn 复合带 A 轧制工艺参数

Tab. 2－2 Rolling parameters for process A of Au/Sn laminated layer

轧制道次	轧件入口厚度 $h_1/\mu m$	轧件出口厚度 $h_2/\mu m$	道次压下量 $\Delta h/\mu m$	道次相对压下量 $r/\%$	总压下率 $\xi/\%$
铆合	700	630	70	10	10
1	630	330	300	47.6	52.86
2	330	180	150	45.5	74.29
3	180	120	60	33.3	82.86
4	120	97	23	19.2	86.14
5	97	75	22	22.7	89.29
6	75	53	22	29.3	92.43

表 2-3 Au/Sn 复合带 C 轧制工艺参数

Tab. 2-3 Rolling parameters for process C of Au/Sn laminated layer

轧制道次	轧件入口厚度 $h_1/\mu m$	轧件出口厚度 $h_2/\mu m$	道次压下量 $\Delta h/\mu m$	道次相对压下量 $r/\%$	总压下率 $\xi/\%$
铆合	700	630	70	10.0	10.00
1	630	480	150	23.8	31.43
2	480	370	110	23.0	47.14
3	370	290	80	21.6	58.57
4	290	230	60	20.6	67.14
5	230	185	45	19.6	73.57
6	185	150	35	18.9	78.57
7	150	122	28	18.7	82.57
8	122	100	22	18.0	85.71
9	100	83	17	17.0	88.14
10	83	69	14	16.9	90.14
11	69	58	11	15.9	91.71
12	58	50	8	13.8	92.86

2.2.3 性能检测

叠层冷轧后，将 Au/Sn 复合带进行取样、镶样、磨平和抛光处理，采用场发射扫描电子显微镜(Sirion 200，FEI，美国)观察 Au/Sn 复合带的横截面显微组织，并运用能量分散光谱(EDX)分析 Au/Sn 界面 IMC 层的相组成和成分。采用同步热分析仪(STA－449C，NETZSCH，德国)检测 Au/Sn 复合带的熔化特性。运用中南大学现代分析测试中心 ICP－AES 分析仪检测产品的成分。利用 Image－pro plus (IPP)专业图像分析软件计算 Au/Sn 界面 IMC 层的厚度。

2.3 Au/Sn 复合带的冷轧工艺优化

2.3.1 叠合层数对 Au/Sn 复合带的组织和成分的影响

图 2－2 所示为叠合 5 层、7 层和 11 层的 Au/Sn 复合带采用 C 工艺轧制至 50 μm后显微组织的背散射照片。可见，叠合 5 层的复合带组织中 Au、Sn 层较平直，但是 Au 层厚度稍微比 Sn 层厚度大些。叠合 7 层的复合带组织均匀，而且 Au 层和 Sn 层的厚度基本一致。从原始配比冷轧至 50 μm，叠合 5 层的复合带的总相对压下量为 96.2%，比叠合 7 层复合带的总变形量(92.9%)大，因此叠合 5 层的

组织中 Au 层和 Sn 层的变形量差异较大。

叠合 11 层的复合带是在叠轧后的两个 5 层复合带中间夹入一层 50 μm 的 Sn 层，再进行冷轧而成的，其总体相对压下量高达 98.1%。相对于叠合 5 层和 7 层的Au/Sn复合带而言，叠合 11 层的复合带的总变形量明显增大。叠合 11 层的复合带中 Sn 层转变为不连续的小段，而且原始的 Sn 层全部变成金属间化合物（IMC），与叠合 5 层和 7 层的复合带相比，IMC 层的厚度明显增大，如图 2-2(c) 所示。该结果表明，Au/Sn 复合带中的界面反应程度及组织均匀性与轧制变形量有关。随着轧制变形量的增大，界面反应程度增大，组织不均匀程度增大。

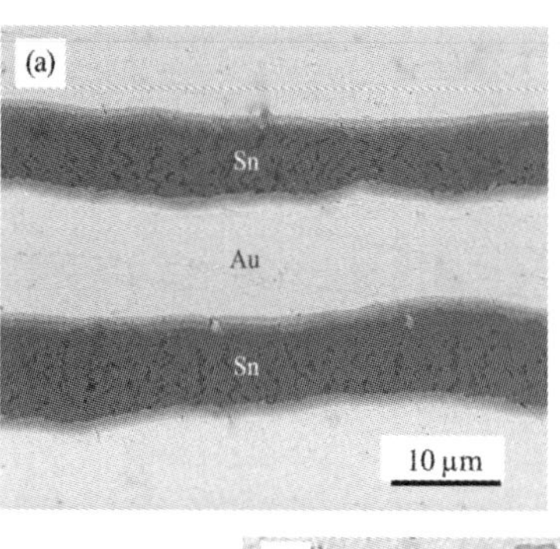

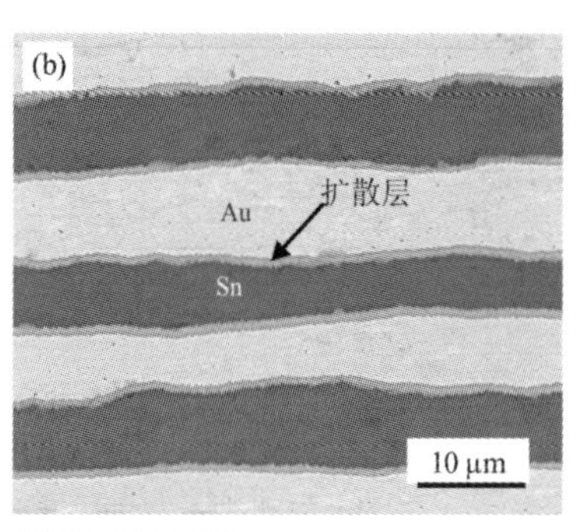

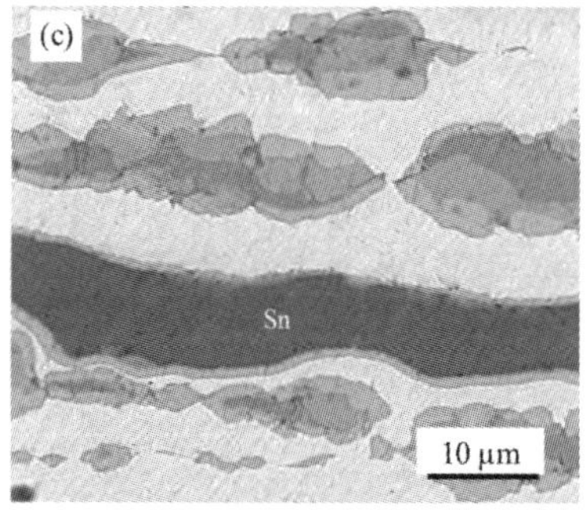

图 2-2　叠合不同层数的 Au/Sn 复合带的显微组织

(a)叠 5 层；(b)叠 7 层；(c)叠 11 层

Fig. 2-2 Microstructures of Au/Sn composite belt with different fold layers

(a)5 layers；(b)7 layers；(c) 11 layers

叠合 5 层、7 层和 11 层的 Au/Sn 复合带采用 C 工艺轧制后的成分如表 2-4 所示。叠合 5 层的复合带原始成分中 Sn 含量为 19.1%，轧制后 Sn 含量减小到 17.61%，与原始成分相比减小了 7.80%。叠合 7 层的复合带原始成分中 Sn 含量为 22.1%，轧制后减小到 20.06%，与原始成分相比减小了 9.23%。叠合 11 层的复合带原始成分中 Sn 含量为 19.9%，轧制后减小到 18.06%，与原始成分相比减小了 9.25%。可见，采用叠层冷轧技术制备 Au/Sn 复合带时，组织和成分最佳的是叠合 7 层的复合带。

表 2 -4　Au/Sn 复合带的成分

Tab. 2 -4 Composites of Au/Sn solders

叠合层数	Au 含量/%	Sn 含量/%	杂质含量/%
5	82.33	17.61	0.06
7	79.90	20.06	0.04
11	81.90	18.06	0.04

2.3.2　轧制工艺对 Au/Sn 复合带显微组织的影响

图 2 -3 所示为叠合 7 层的复合带经过不同轧制工艺轧制后的 Au/Sn 复合带显微组织的背散射照片。样品原始厚度为 700 μm，轧后厚度为 50 μm，其中图 2 -3(a)对应的轧制工艺为 A 工艺，图 2 -3(b)所对应的轧制工艺为 B 工艺，图 2 -3(c) 所对应的轧制工艺为 C 工艺。可见，A 工艺轧制的样品组织不均匀，Sn 层严重弯曲，Sn 层各部位的厚度差距较大，而且 Au 层和 Sn 层的厚度差距也较大。B 工艺轧制的样品中 Au 层和 Sn 层保持平直，各部位厚度相对较均匀，而且 Au 层和 Sn 层厚度基本相同，Sn 层两边形成较薄的扩散层，C 工艺轧制的样品与 B 工艺轧制的样品相比，Au/Sn 界面扩散层明显增大。

在 A 轧制工艺中，单道次相对压下量较大(22.7%~47.6%)，经 6 道次轧制后，总压下率达到 92.43%，得到的 Au/Sn 复合带组织不均匀，如图 2 -3(a)所示。在 B 轧制工艺中，单道次相对压下量较小(16.9%~23.8%)，总压下率达到 90.14%，得到的 Au/Sn 复合带组织较均匀，如图 2 -3(b)所示。在 B 轧制工艺的基础上，增加两个轧制道次，即 C 轧制工艺，其单道次相对压下量为 13.8% ~ 23.8%，总压下率达到 92.86%，与 A 工艺接近，得到复合带的组织较均匀，与图 2 -3(b)相比扩散层明显增大。

对比轧制工艺 A、B 和 C 及其所对应的组织可知，当轧制的总压下量和总压下率基本相同时，轧制的总道次数以及各轧制道次的压下量和压下率不相同，引起样品显微组织的差异。该结果表明，Au/Sn 复合带的显微组织与轧制道次和道次压下率有关。此外，从图 2 -3(a)和(c)中可见，当总压下率相同时，导致 Au/Sn 复合带组织不均匀的原因是较大的道次压下量和压下率。采用多道次、小道次压下量的轧制工艺可以制备出组织均匀的 Au/Sn 复合带。

在单一金属冷轧变形过程中，轧件的变形抗力 F 与轧件的材料性质和加工工艺参数有关。由奥罗万 - 帕斯科理论[84]可以得知，当轧件宽度远大于厚度且宽

度方向在轧制过程的延展不计时，变形抗力 F 的表达式为

$$F = 1.15\sigma(0.8 + \frac{nL}{2h_2}) \tag{2-1}$$

式中：σ 为相应的轧制温度和应变速率下轧件的屈服应力；n 为轧件的中性面位置系数，黏着摩擦轧制过程中 $n=0.4 \sim 0.6$[84]；L 为轧辊和轧件接触弧投影；h_2 为轧件出口厚度。

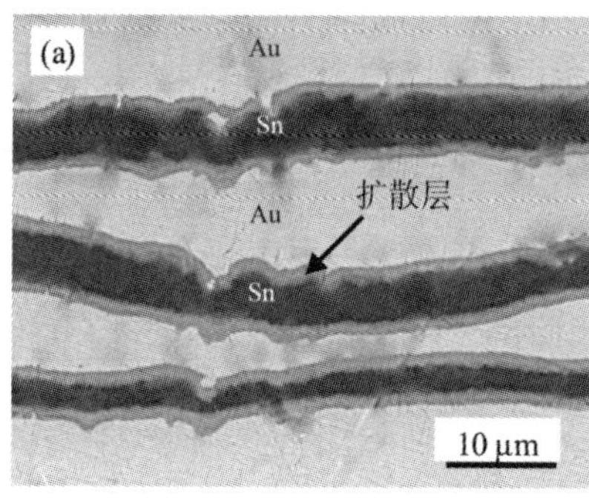

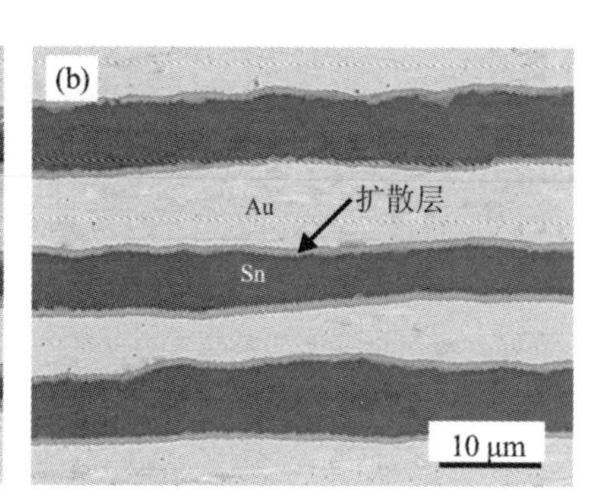

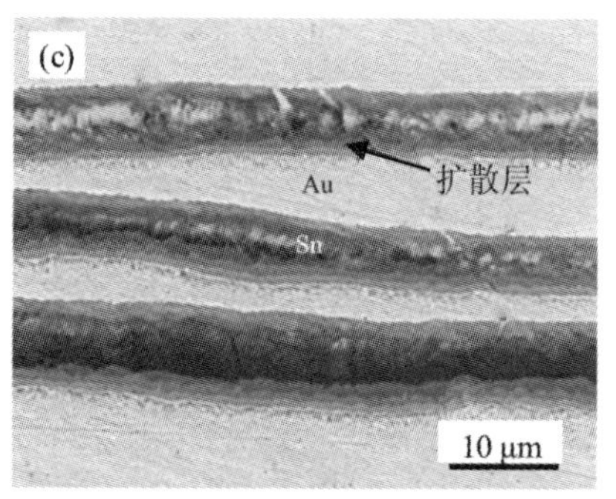

图 2－3　不同轧制工艺下叠轧 Au/Sn 复合带的显微组织

(a) A 轧制工艺；(b) B 轧制工艺；(c) C 轧制工艺

Fig. 2－3 Microstructures of Au/Sn laminated layer after various rolling processes

对于平板轧制，$L \approx \sqrt{R_0 \Delta h}$，$R_0$ 为轧辊直径，Δh 为轧制压下量，代入式(2－1)可得：

$$F \approx 1.15\sigma(0.8 + \frac{n\sqrt{R_0 \Delta h}}{2h_2}) \tag{2-2}$$

从式(2－2)可以看出，在冷轧过程中轧件的变形抗力 F 与材料的屈服应力 σ 和轧制压下量 Δh 的平方根成正比例关系。

由奥罗万－帕斯科法可以得到轧件平均应变速率 λ 为[84]

$$\lambda = \frac{\pi N}{30}\sqrt{R_0/h_1}\,\frac{1-0.75r}{1-r}\sqrt{r} \tag{2-3}$$

式中：N 为轧辊转速，r/min；h_1 为轧件入口厚度；r 为相对压下量。

从式(2－3)可以看出，轧件的平均应变速率与轧制相对压下量成正比关系。

多层复合带材轧制时，轧件的变形抗力、总变形以及其中各组元的变形与多种因素有关，如各组元的物理性质、复合界面的结合强度等。单一材料轧制时发生均匀变形，没有组元间的相互作用。因此，对多层复合轧制进行研究比对单一材料轧制的变形机理研究困难、复杂得多。尽管如此，单一材料的轧制理论给我们提供了理解多层复合轧制理论的基础。可以利用式(2－2)和式(2－3)对多层金属复合轧制各种因素的关系进行粗略分析。

Au 和 Sn 纯金属的力学性能[84, 85]如表 2－5 所列。可见，室温下 Au 和 Sn 纯金属的屈服应力差异较大。式(2－2)显示，轧制变形抗力 F 与材料屈服应力的一次方成正比，与压下量的平方根成正比，可见变形抗力随屈服应力的增大而增大的幅度比压下量大。在 Au/Sn 复合带的叠层冷轧过程中，由于 Au 层的屈服应力比 Sn 层大，变形过程中 Au 层产生的变形抗力比 Sn 层大，在相同的轧制条件下 Au 层的变形量比 Sn 层小，导致 Au 层和 Sn 层之间应变速率差，产生不均匀变形。

表 2－5　Au 和 Sn 纯金属的室温力学性能[84, 85]

Tab. 2－5 Mechanical properties of Au and Sn pure metal at room temperature[84, 85]

金属	杨氏模量/GPa	泊松比	屈服应力/MPa	拉伸强度	断后延伸率/%
Au	78	0.42	30～40	103	30～50
Sn	44.3	0.36	9～15	15～27	40～70

采用简单的两层叠合示意图来描述 Au 和 Sn 在轧制过程的变形速度场，如图 2－4所示。在双金属复合板带材的冷轧中，轧件沿高度断面水平变形速率相等的区域非常有限，在大部分变形区内(不论是前滑区还是后滑区)，轧件沿每一断面高度变形的速率均不相等。变形的不均匀程度随轧制位移的增大而增大，在出口处不均匀变形表现最为明显，如图 2－4 所示。双金属复合板带在无张力轧制时，轧件都会向硬度较大的基材一侧产生弯曲，而且弯曲程度随变形量的增加而加剧。因此在 Au 和 Sn 的双金属轧制中，Sn 层的变形量较大，在出口侧轧制带往 Au 侧弯曲。

叠合 7 层 Au/Sn 复合带中 Au 层和 Sn 层的叠放次序在宏观变形上是对称的，在轧制过程中箔带整体保持平直。但是沿某一高度的截面速度不均匀，中间 Sn 层有余量被挤出，挤出量与 Sn 层的变形程度有关。通过对比 A 和 C 轧制工艺下的样品组织可知，道次变形量增大将导致 Au/Sn 复合带的不均匀性增大，采用多道次、小道次变形量的方法可以减小组织的不均匀性。

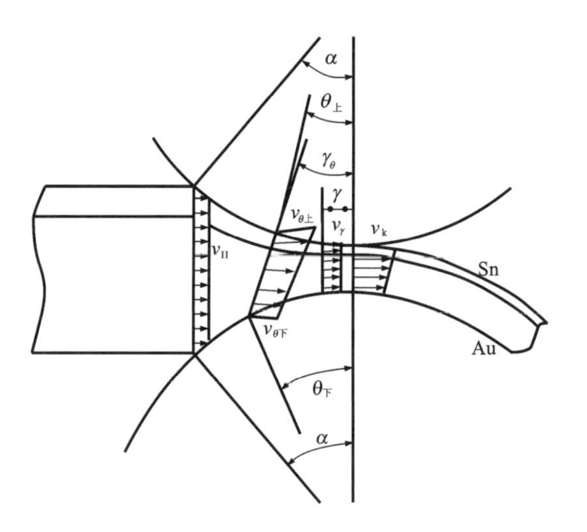

图 2－4　轧制过程变形速度图

Fig. 2－4 Deformation velocity field of rolling

2.3.3　轧制工艺对 Au/Sn 复合带成分和熔点的影响

叠合 7 层的样品原始成分中 Sn 的含量为 22.1%，Sn 层与 Au 层总厚度比 K 为 0.75。经过不同道次冷轧后，样品的成分和 K 值都发生了变化。分别采用 A、B 和 C 工艺冷轧后的样品的成分如表 2－6 所列。可见，与共晶成分相比，A 工艺轧制的样品中 Au 含量偏高，B 工艺轧制的样品成分与共晶成分较接近，C 工艺轧制的样品成分与共晶成分基本一致。该结果表明，采用道次相对压下量大的轧制工艺制备的 Au/Sn 复合带，除了组织不均匀以外，还会引起成分的偏差。此外，在小道次变形量的轧制工艺下，Au/Sn 复合带中的 Sn 含量随总变形量的增大而减小。

表 2－6　Au/Sn 复合带的成分

Tab. 2－6 Composition of Au/Sn laminated layer

样品编号	对应轧制工艺	Au 含量/%	Sn 含量/%	杂质含量/%
1	A	81.07	18.90	0.03
2	B	79.77	20.2	0.03
3	C	79.90	20.06	0.04

采用 C 轧制工艺制备的样品中，厚度比 K 随总压下率的增大而变化情况如图 2－5 所示。可见，随着总压下率的不断增加，Au/Sn 复合带中 K 值不断减小。通

过计算发现，当 K 值为 0.661 时，复合带中的 Sn 含量刚好为共晶成分的 Sn 含量的 20%。图 2－5 显示采用 C 工艺时，K 值降低到 0.665，对应的 Sn 含量为 20.11%，通过 K 值计算的 Sn 含量比 ICP 检测的 Sn 含量偏高，这是因为在 K 值的计算中把扩散层大致估算为 Sn 层，从而导致 Sn 层厚度偏大，计算的成分稍微比实测成分高。

对 K 值随总变形量的变化趋势进行线性拟合，结果如图 2－5 中的直线所示。当总压下率较小时，K 值很好地落在拟合线上，当总压下率大于 60% 时，K 值基本围绕拟合线分布。可见，K 与总压下率 ξ 的关系符合线性关系，通过已知的 K 值，拟合参数得知，K 和总压下率 ξ 的关系式为

$$K = K_0 - 9.324 \times 10 - 4\xi \quad (2-4)$$

式中：K_0 为复合带中原始的 Sn/Au 厚度比，叠合 7 层的 Au/Sn 复合带中 K_0 为 0.75。

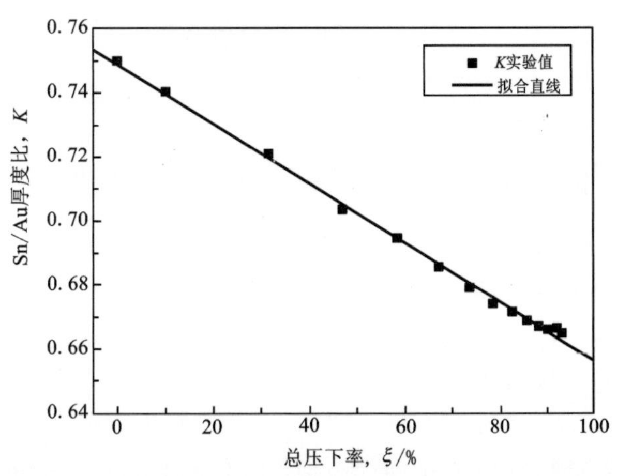

图 2－5　总压下率对复合带中 Sn 与 Au 厚度比 K 的影响

Fig. 2－5 Effect of rolling reduction on Sn and Au thickness ratio K

图 2－6 所示为在 C 轧制工艺下，叠合 7 层的 Au/Sn 复合带中的 Sn 含量随轧制总变形率 ξ 的增大而变化的情况。可见，复合带中的 Sn 含量随轧制总压下率的增大而减小。对 Sn 含量的分布点进行拟合，拟合直线如图 2－6 所示。Sn 含量随总变形量的变化基本沿拟合直线分布，表明 Au/Sn 复合带中的 Sn 含量随总压下率的增大而呈直线下降，其直线关系式为：

$$w_{Sn} = w_0 - 0.022\xi \quad (2-5)$$

式中：w_0 为复合带中原始 Sn 的质量分数，叠合 7 层的 Au/Sn 复合带中 w_0 为 22.1%。

由式(2－4)和式(2－5)可知，叠层冷轧法制备 Au/Sn 复合带时，其成分可

以通过 Sn 层的厚度与轧制道次压下量与总压下量的变化关系来控制，当产品最终的厚度和成分确定时，通过调节原始的 Sn 含量来满足要求。

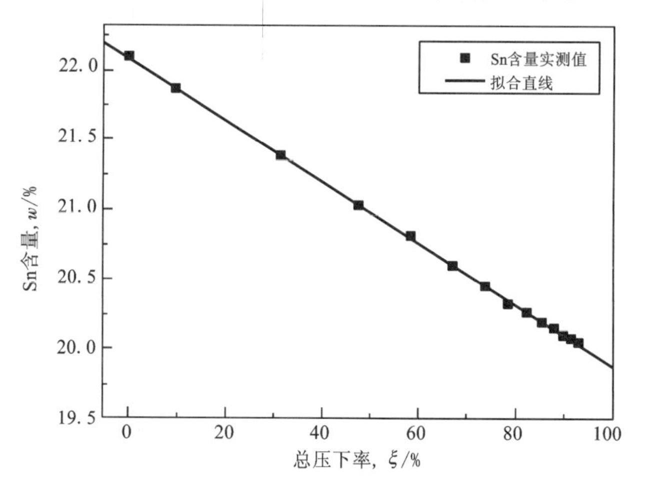

图 2 -6　总压下率对 Au/Sn 复合带中 Sn 含量的影响

Fig. 2 -6 Effects of rolling reduction on Sn content in Au/Sn laminated layer

为了进一步确定前面所推测的复合带的成分，在电子显微镜上观测叠轧后复合带重熔的金相组织，结果如图 2 -7 所示。从照片中可以看出，A 工艺轧制的样品除了晶格细小的共晶组织以外，还有较粗大的 Au_5Sn 相，如图 2 -7(a)所示，从而证实了金元素过量。而 C 工艺轧制的样品则是形成的良好的层状共晶组织，如图 2 -7 (b)所示。

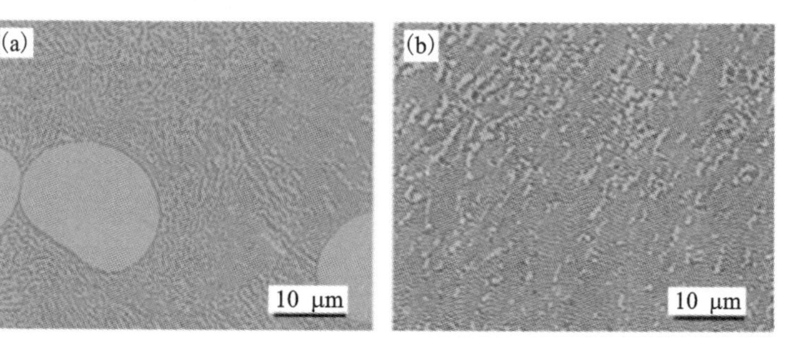

图 2 -7　不同轧制工艺下的 Au - Sn 焊料组织

(a) A 轧制工艺；(b) B 轧制工艺

Fig. 2 -7 Microstructures of Au - Sn solder after different rolling processes

图 2 -8 所示为不同轧制工艺下 Au/Sn 复合带的 DSC 曲线。由图 2 -8(a)可见，A 工艺轧制的样品 DSC 曲线中，主吸热峰的温度范围从 282.2℃到 293℃，该

熔化温度明显比 Au－Sn 合金共晶温度高，且熔化区间较大(10.8℃)。这是由于样品中 Au 含量偏高引起的。由 Au－Sn 二元相图可知，Au－Sn 共晶点的富金侧液相线斜率较大，Au－Sn 合金成分稍微往 Au 侧偏移就会引起熔化温度较大幅度升高。共晶反应中 Sn 含量不足会导致反应速率降低，其熔化区间较大。由图 2－8(b)可见，C 工艺轧制的样品的 DSC 曲线主吸热峰的温度范围从 280.5℃ 到 289.7℃。该熔化起始温度与 Au－Sn 合金共晶温度一致，进一步表明 C 工艺轧制的样品成分与共晶成分接近。

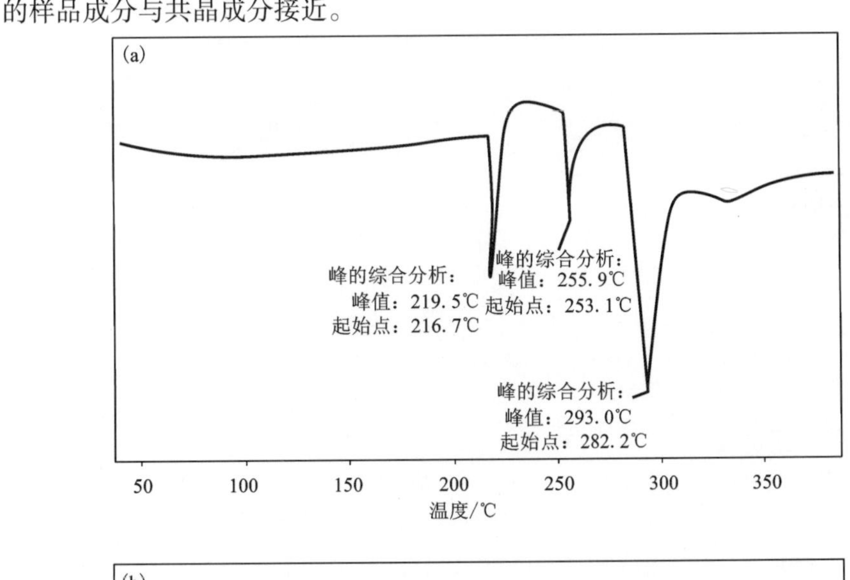

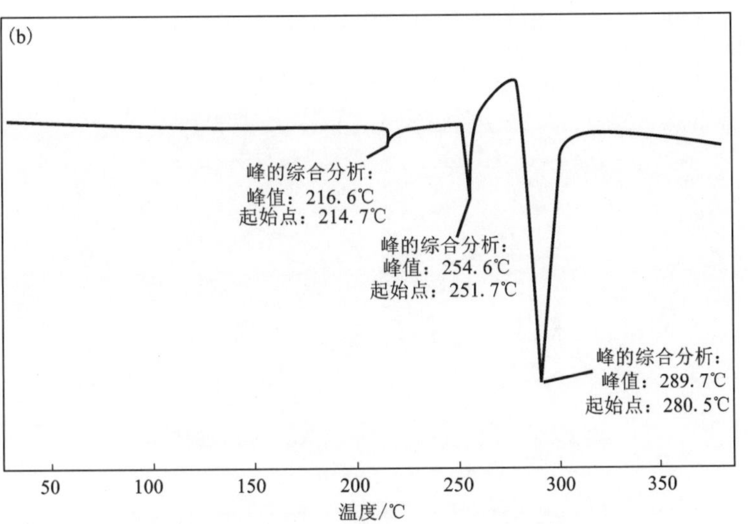

图 2－8　不同轧制工艺下的 Au－Sn 焊料 DSC 曲线

(a) A 轧制工艺；(b) B 轧制工艺

Fig. 2－8 DSC curves of Au－Sn solder after different rolling processes

综上所述，从样品的组织均匀性、成分以及熔点综合考虑，叠合7层的Au/Sn复合带的最佳冷轧工艺为表2－3所示的轧制工艺，其主要特征为多道次、小道次相对压下量。

2.4　Au/Sn 复合带叠轧过程的界面反应

从图2－2和图2－3中可以看出，叠层冷轧后的Au/Sn复合带中Au与Sn的界面处产生一层由各种金属间化合物相组成的扩散层。为了确定Au/Sn界面的反应产物，将叠合7层的复合带变形量为32.9%和92.9%时的Au/Sn界面组织采用SEM背散射进行局部放大观察，如图2－9所示，并结合扫描电镜的能谱分析测定金属间化合物层的相组成。从图2－9中可以看出，Au/Sn界面的金属间化合物层由衬度不同的三层物质组成，从Au侧起三个物质层依次标志为A、B、C，如图2－9(b)所示。

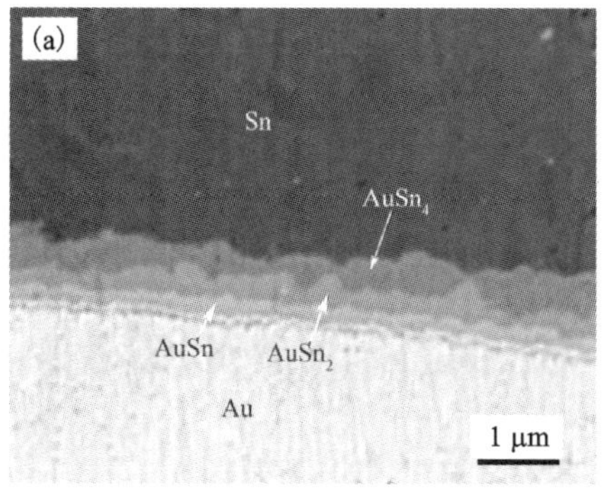

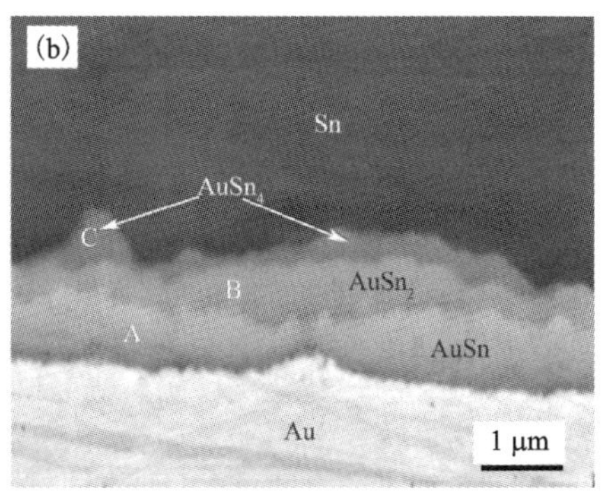

图2－9　不同变形量的 Au/Sn 复合带界面放大图

(a)32.9%；(b)92.9%

Fig. 2－9 Magnified images of Au/Sn interface with different deformations

对图2－9中Au/Sn界面的A、B和C扩散层进行EDS能谱分析，如图2－10所示。可见，A点处Au与Sn的原子百分比分别为50.18%和49.82%，原子比接近1∶1，B点处Au与Sn的原子百分比分别为37.27%和62.73%，原子比接近1∶2，C点处Au与Sn的原子百分比分别为21.76%和78.24%，原子比接近1∶4。结合Au－Sn二元相图[25]可知，A、B、C点对应的化合物分别为AuSn、$AuSn_2$和$AuSn_4$。

(a)

元素	w/%	x/%
Sn	37. 43	49. 82
Au	62. 57	50. 18

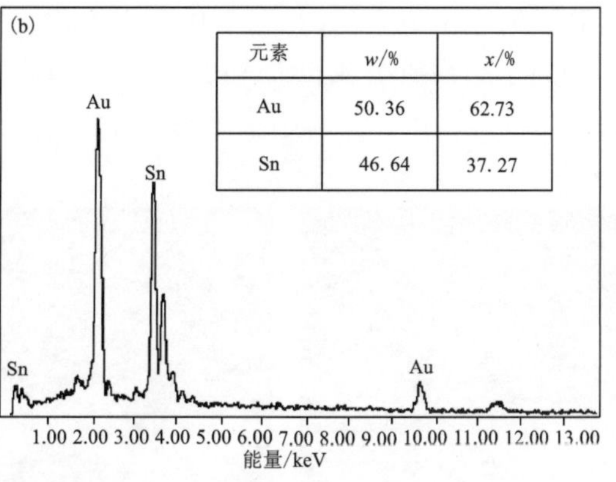

(b)

元素	w/%	x/%
Au	50. 36	62.73
Sn	46. 64	37. 27

(c)

元素	w/%	x/%
Sn	68. 43	78.24
Au	31. 57	21.76

图 2-10　图 2-9 中 A、B、C 点的能谱分析图谱

(a) point A; (b) point B; (c) point C

Fig. 2-10 EDS analysis results of A, B and C points at Fig. 2-9

Au 与 Sn 间的扩散属于特殊的快速扩散（间隙扩散机制），即使在低温环境下也能发生中间化合物层快速扩散[86]，Au/Sn 界面在叠层冷轧过程的扩散反应是由于变形热的作用而发生的。板材冷轧时，变形区的温升 ΔT 用以下已知的关系式计算[87]：

$$\Delta T = k\frac{1}{Ac\rho}(p+B)\ln\frac{h_0}{h} \qquad (2-6)$$

式中：k 为轧制带与轧辊间的无因次热交换系数，一般取 0.875 ~ 0.9；A 为机械热当量；c 与 ρ 分别为轧制金属的比热与密度；p 是轧制金属对轧辊的单位压力；而 B 则是前或后单位张力（视所计算的温升部位在变形区中的位置而定的），h_0 和 h 分别为轧件进、出口的厚度。从式（2 - 6）可见，Au/Sn 界面在冷轧过程中的温升与复合带的变形量有关，Au/Sn 界面扩散层的厚度随总压下量的增大而增大。

Au - Sn 二元相图[25]显示（图 1 - 2），在室温下，Au/Sn 界面发生互扩散可能产生的中间相由富 Au 相到富 Sn 相依次为 β($Au_{10}Sn$)、ζ、ζ′(Au_5Sn)、δ(AuSn)、ε($AuSn_2$) 和 η($AuSn_4$)。在叠轧后的 Au/Sn 复合带中只出现了富 Sn 的 δ(AuSn)、ε($AuSn_2$) 和 η($AuSn_4$) 等三种相，并未形成 β($Au_{10}Sn$)、ζ 和 ζ′(Au_5Sn) 等富 Au 相。这是因为 Au/Sn 界面扩散形成的化合物种类除了与各相的性质有关以外，可能还受扩散动力学条件以及元素扩散的次序的影响。由于扩散动力学因素的影响，Au/Sn 界面发生扩散不一定同时产生所有中间相，具体产生哪些相要根据实际条件而定。诸多研究表明[88, 89, 35]，Au/Sn 扩散偶产生的化合物相为 ζ′(Au_5Sn)、δ(AuSn)、ε($AuSn_2$) 和 η($AuSn_4$)。然而，各个相都是在不同的实验条件下产生的，例如，ζ′(Au_5Sn) 相的产生要求 Au/Sn 扩散偶满足特定的成分配比，而且是在某一特定退火温度下。而 β($Au_{10}Sn$) 容易在 Au/ζ 扩散偶实验中[25]出现。此外，也有大量研究表明，Au/Sn 扩散偶最终的相组成取决于其初始的成分配比[88 - 93]。

表 2 - 7 列出了 Au - Sn 二元系中各相的主要性质[94, 95]。在 ζ、δ(AuSn)、ε($AuSn_2$) 和 η($AuSn_4$) 四个相中，AuSn 的生成焓最小，其次是 $AuSn_2$ 和 $AuSn_4$，而 ζ 的生成焓最大。从热力学角度解释，当 Au/Sn 界面发生扩散形成金属间化合物时，应该最先产生 AuSn 相，其次是 $AuSn_4$ 和 $AuSn_2$，而 ζ 相最难直接生成。因此，在叠层冷轧过程中，Au/Sn 界面处由于变形热的作用发生扩散。界面处只有 δ(AuSn)、ε($AuSn_2$) 和 η($AuSn_4$) 相，并没有形成 ζ 相。

Au/Sn 界面扩散产生的相除了与相的生成焓有关以外，扩散动力学条件也是相产生的关键因素。研究证实[88 - 93]，Au/Sn 界面发生扩散最初的相组成基本一致，一般同时形成 AuSn 和 $AuSn_4$ 相，而且两相开始生长的时间极短，甚至在扩散时间为几十秒时形成。Buene 和 Nakahara 等[90, 91, 96]指出，Au 可以通过体积扩散或通过晶界、位错等缺陷快速扩散进入 Sn 中形成 $AuSn_4$ 相，与此同时，AuSn 相在 Au/Sn 界面上形成，并以层状方式生长。$AuSn_4$ 比 $AuSn_2$ 更容易生成，首先 Au 在 Sn 中通过间隙扩散机制可以发生特殊的快扩散，其次从晶体结构上 $AuSn_4$ 与 Sn 较接近。此外，Au 在 Sn 中处于间隙位置[91]，晶体缺陷增多，发生 Sn→$AuSn_4$ 相变的阻力减小，$AuSn_4$ 相的形核与长大相对比较容易。在界面的观察中，扩散层中总是多种化合物相同时存在的，如图 2-9 所示。

表 2-7　Au-Sn 二元系中各相的性质[84-86]

Tab. 2-7 Main properties of phase in Au/Sn binary system[84-86]

相	Sn 含量/%	结构	熔点/℃	生成焓/(kJ · mol^{-1})	密度/(g · cm^{-3})
α(Au)	0 ~ 6.81	Cu	1064.4 ~ 532.0	-1.08 ~ 0	19.3 ~ 18.6
β($Au_{10}Sn$)	8.0 ~ 9.1	Ni_3Ti	532.0	—	—
ζ	10.0 ~ 17.6	Mg	521.0	-4.06 ~ -3.33	—
ζ′(Au_5Sn)	16.0	hcp	190.0	-5.8	17.08
δ(AuSn)	50.0 ~ 50.5	NiAs	419.3	-15.4	11.74
ε($AuSn_2$)	66.7	正交	309.0	-14.2	10.07
η($AuSn_4$)	80.0	$PtSn_4$	257.0	-7.9	9.20
β(Sn)	99.8 ~ 100.0	βSn	232.0	0	7.28

从图 2-8 和图 2-9 中还可以看出，Au/Sn 界面扩散层厚度随轧制变形量的增大而增大。Au/Sn 复合带在冷轧过程中变形量较大，产生变形热，在变形温升的作用下，Au/Sn 处发生互扩散。Au 往 Sn 中扩散形成富 Sn 相的 $AuSn_4$ 相，而 Sn 往 Au 中扩散形成富 Au 的 Au_5Sn 相。然而，在叠层冷轧的 Au/Sn 复合带中并未检测到有富 Au 的 Au_5Sn 相，这是由于叠层冷轧过程的温升条件未能满足 Au_5Sn 相的形成要求，因此，可以认为在叠层冷轧过程只有 Au 往 Sn 中扩散，而 Sn 往 Au 中扩散的程度很小。

在扩散初始阶段，Au 往 Sn 中扩散形成富 Sn 的 $AuSn_4$ 相，反应式为

$$[Au] + 4Sn = AuSn_4 \tag{2-7}$$

式中：[Au]表示的是扩散参与反应的 Au 原子。反应产生的 $AuSn_4$ 沿着 Sn 的晶界和 Au/Sn 结合界面，以扇贝状往 Sn 内三维生长。由于叠层冷轧采用的是平衡态的纯 Sn，晶粒尺寸较大，因此式(2-7)的反应速度较慢，$AuSn_4$ 不能快速生长成为连续的扩散层。在这个过程中 Au/$AuSn_4$ 界面处也会发生反应形成 AuSn 相，反应式为

$$3Au + AuSn_4 = 4AuSn \tag{2-8}$$

式(2-7)和式(2-8)的反应在 Au/Sn 扩散中发生很迅速，几乎是同时发生

的，扩散层检测时总是可以发现 AuSn 和 $AuSn_4$ 层同时存在。

随着扩散反应的不断发生，Au 和 Sn 之间形成阻隔扩散层 AuSn 和 $AuSn_4$。由于 Au 在 AuSn 层和 $AuSn_4$ 层中的扩散速度存在一定程度的差异，势必在 $AuSn/AuSn_4$ 界面处产生多余的[Au]。当堆积的[Au]原子较少时，$AuSn/AuSn_4$ 界面处发生反应为

$$[Au] + AuSn_4 = 2AuSn_2 \quad (2-9)$$

当式(2-9)反应速度比[Au]原子在 AuSn 层中的扩散速度慢时，$AuSn/AuSn_2$ 界面处的[Au]随扩散时间延长而逐渐增多，当堆积的[Au]足够多时，$AuSn/AuSn_2$ 界面处的反应转变为

$$[Au] + AuSn_2 = 2AuSn \quad (2-10)$$

在反应物 Au 和 Sn 足量的前提下，Au/Sn 界面发生扩散，式(2-7)、式(2-8)、式(2-9)和式(2-10)的反应都会同时发生，$AuSn_4$ 层在析出的同时也在不断被消耗，因此，随着轧制的不断进行，Au/Sn 界面扩散程度增大，AuSn 层厚度增大，而 $AuSn_4$ 层的厚度基本不变，如图 2-9 所示。

在扩散中虽然假设 Sn 是不参与扩散的，但是实际反应中 Sn 也往 Au 中扩散，只是由于扩散速度相对较慢，扩散到 Au 中的[Sn]较少，不足以形成 Au_5Sn 相，因此在 Au/Sn 复合带的 SEM 照片中并未发现有富金相产生。

2.5　本章小结

①叠层冷轧 Au/Sn 复合带时，叠合 7 层的复合带具有最佳的组织均匀性，且成分与金锡共晶成分一致。

②由于屈服强度的差异，Au 层和 Sn 层在叠合轧制过程中的变形不同步。随轧制道次压下量的增大，变形的不均匀程度增大。采用多道次、小道次压下量的轧制工艺可以制备出组织相对均匀的 Au/Sn 复合带。

③叠层冷轧过程中，在变形热和轧制力的作用下 Au/Sn 界面发生快速扩散形成 AuSn、$AuSn_2$ 和 $AuSn_4$ 三种富 Sn 的金属间化合物。

第 3 章　AuSn20 焊料的合金化退火

3.1　引言

经过叠层冷轧后的 Au/Sn 复合带如果直接应用于电子封装焊接，在钎焊过程中 Au 和 Sn 会发生化学反应形成金属间化合物，达到降低熔点而实现焊接的目的。Au－Sn 二元相图[25]显示，在 300℃以内 Au 与 Sn 可能发生的反应有 217℃的共晶反应，252℃的包析反应，以及 280℃的共晶反应。一般钎焊时间较短，难以保证这些反应能够充分进行。反应会残留少量未完全合金化的 Au，影响焊接质量。此外，这些复杂的化学反应会导致焊料的无规则漫流，最终影响焊点的纯净度、焊缝的填充和接头的力学性能。为了避免出现这些问题，叠层冷轧后的 Au/Sn 复合带必须进行合金化退火。

研究表明，Au 与 Sn 之间很容易发生扩散，在冷轧过程中 Au/Sn 界面就可以发生互扩散形成三种金属间化合物，因此，Au/Sn 复合带可进行固态合金化。文献报道，Au 与 Sn 之间的扩散属于间隙扩散机制，容易形成特殊的快扩散。AuSn20 的共晶温度为 280℃，因此 Au/Sn 复合带的扩散退火温度应该选择在 280℃以下。但是 Au/Sn 复合带中存在少量的 Sn 单质，如果退火温度过高会导致完全合金化之前 Sn 先熔化。然而，如果选择的温度过低，Au/Sn 界面扩散速度慢，生产效率低，对实际应用没有意义。因此 Au/Sn 复合带的完全合金化退火工艺研究对 Au－Sn 焊料的生产和应用都具有重要意义。

为了更好地选择和确定 AuSn20 焊料的完全合金化退火工艺，本章研究 AuSn20 焊料在一系列固态退火温度下的组织演变，Au/Sn 界面 IMC 层的生长动力学，并通过理论计算和实验验证相结合，确定 AuSn20 焊料的最佳合金化退火工艺。

3.2　实验

3.2.1　退火实验

叠层冷轧的 Au/Sn 复合带表面用酒精、丙酮超声波清洗后，两边用钢化玻璃夹紧，保证表面平整。吹干后的 Au/Sn 复合带封入石英管中，在电阻炉加热 160℃、220℃、250℃和 270℃，采用油浴保温不同时间后，水冷至室温。产品的外观形貌如图 3 - 1 所示。

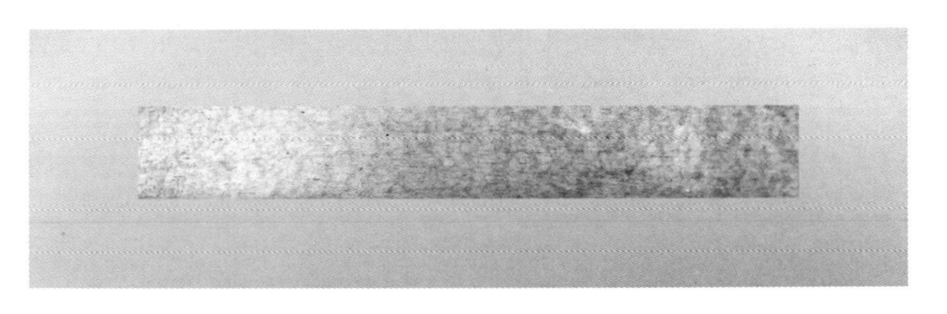

图 3 - 1　AuSn20 钎料的外观形貌

Fig. 3 - 1 Image of AuSn20 solder

3.2.2　焊料组织观察和性能检测

在 Quanta - 200 型环境扫描电镜上采用背散射(BSE)模式观察样品组织的变化，并通过能谱分析(EDS)鉴定扩散层的物质组成。在 STA - 449C 型差热分析仪上检测焊料熔化特性。利用 IPP 专业图像分析软件计算 Au/Sn 界面 IMC 层的厚度。

3.3　Au/Sn 复合带在退火过程中的组织演变

3.3.1　退火时间对 Au/Sn 复合带组织的影响

图 3 - 2 所示为 AuSn20 焊料在 160℃退火不同时间显微组织的背散射照片。从图 3 - 2(a)中可以看出，与叠轧态的组织图 2 - 2(b)相比，退火 6 h 后 Au/Sn 界面 IMC 层的厚度明显增大，而且沿着界面连续均匀。退火时间延长至 12 h，IMC 层厚度继续增大，其中 AuSn 层和 $AuSn_2$ 层的界面连续、光滑，而 $AuSn_4$ 层则以波浪形式增长，且在 Au/AuSn 界面处形成很薄一层 ζ 相[图 3 - 2(b)]。虽然 Sn 层厚度明显减小，但是焊料中还是存在单质 Au 和 Sn，宏观上复合带的表面呈金黄色。组织中同时存在多个化合物层，EDS 能谱分析显示，三个化合物层从 Sn 侧到 Au 侧分别为 $AuSn_4$、$AuSn_2$ 和 AuSn。在 AuSn 层与 Au 之间有厚度较薄的波浪形扩散层形成，EDS 能谱分析结果显示该扩散层为 Au_5Sn 层。

当退火时间延长至 30 h 时，复合带中的纯 Sn 层以及界面产生的 $AuSn_4$ 层消失，原始 Sn 层的位置转变为 $AuSn_2$ 和 AuSn 层[图 3－2(c)]。随着退火时间继续延长至 40 h，$AuSn_2$ 层也完全消失，复合带组织完全转变成为两个金属间化合物相[图 3－2(d)]。显然，灰色相为 δ(AuSn)相，EDS 能谱分析组织中白色相，结果如图 3－3 所示。可见，原始的 Au 层转变成为 ζ(Au_5Sn)相。此时的 Au/Sn 复合带表面颜色已由金黄色转变为银白色，表明复合带中的单质 Au 和 Sn 已经完全反应形成金属间化合物，复合带的合金化退火已经完成。

为了检测焊料组织的稳定性，延长退火时间至 45 h，焊料组织保持不变[图 3－2(e)]，表明焊料合金化退火后形成由 δ 和 ζ 两相组成的层状稳定组织。

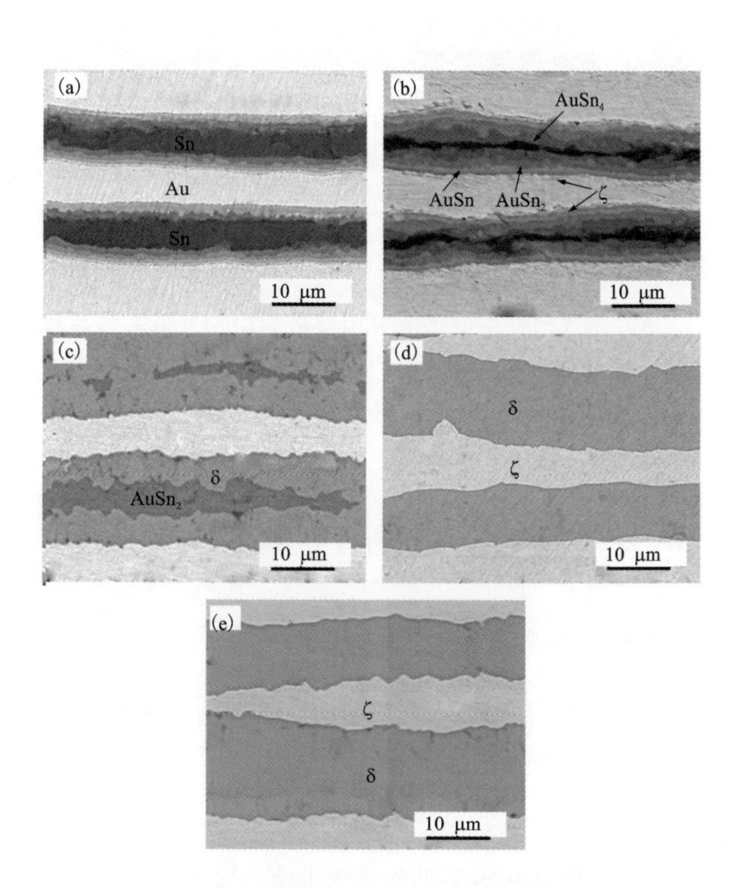

图 3－2　AuSn20 焊料在 160℃退火不同时间的组织形貌

(a)6 h; (b)12 h; (c)30 h; (d)40 h; (e)45 h

Fig. 3－2 Cross－sectional SEM images of AuSn20 solder aged at 160℃ for various times

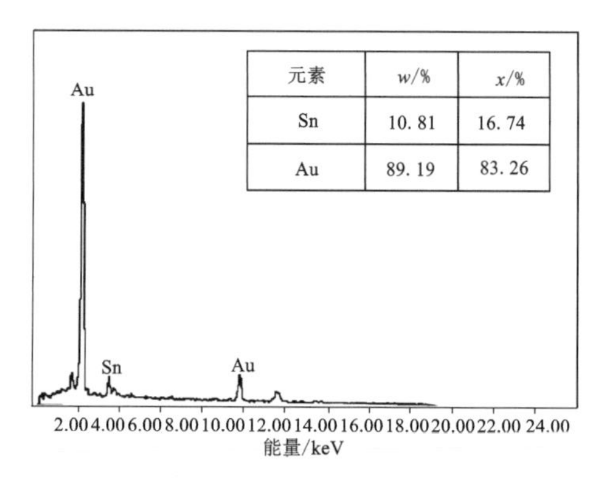

元素	w/%	x/%
Sn	10.81	16.74
Au	89.19	83.26

图 3－3　图 3－2(d)中白色相的能谱分析图谱

Fig. 3－3 EDS analysis result of bright phase in Fig. 3－2(d)

3.3.2　退火温度对 Au/Sn 复合带组织的影响

图 3－4 所示为 AuSn20 焊料在 220℃退火不同时间的显微组织的背散射照片。可见，在 220℃退火 6 h 后，AuSn20 焊料中 Sn 基本反应完全，从组织上观察原始的 Sn 层转变成为由 $AuSn_4$、$AuSn_2$ 和 AuSn 三层化合物层组成的扩散混合层[图 3－4(a)]。当退火时间延长至 10 h 时，原始的 Sn 层转变成为 $AuSn_2$ 和 AuSn 层，与 160℃退火 20 h 时复合带的组织相似[图 3－4(b)]。显然，在 220℃退火时 Au/Sn 界面扩散反应速度比 160℃时的快。延长退火时间至 12 h，复合带完全合金化形成由 δ 和 ζ 两相组成的层状稳定组织[图 3－4(c)]。该结果表明在 220℃退火 12 h 可以制备完全合金化的 AuSn20 焊料。

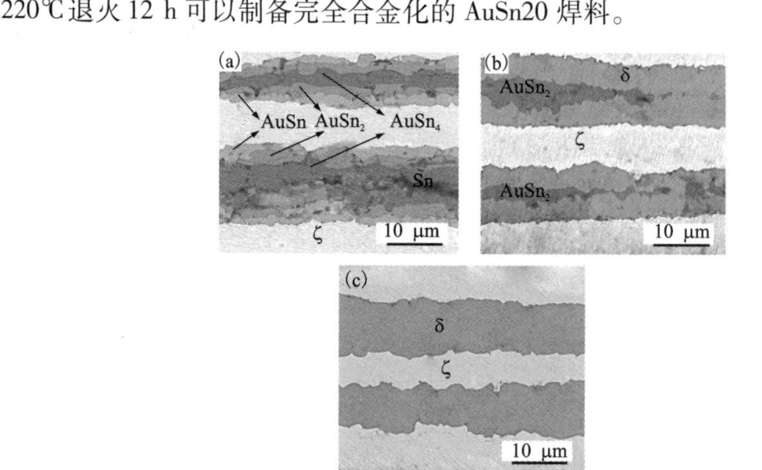

图 3－4　AuSn20 焊料在 220℃退火不同时间的组织形貌

(a) 6 h; (b) 10 h; (c) 12 h

Fig. 3－4 Cross－sectional images of AuSn20 solder aged at 220℃ for various times

为了确定 AuSn20 焊料合金化退火的最佳工艺，继续升高退火温度研究合金化退火过程中 AuSn20 焊料的组织演变。图 3 –5 所示为 AuSn20 焊料在 250℃退火不同时间的显微组织形貌。在 250℃退火 6 h 后，Au/Sn 复合带中的纯 Sn 层和 $AuSn_4$ 层反应完全，原始的 Sn 带转变成为 δ(AuSn)相，其中包含少量的 $AuSn_2$ 相[图 3 –5(a)]。可见，在 250℃退火 6 h 后复合带的合金化程度与 160℃的 20 h 和 220℃的 10 h 相当。当退火时间延长至 9 h 时，Au/Sn 复合带的组织全部转变成 δ(AuSn)和 ζ(Au_5Sn)相[图 3 –5(b)]，焊料表面呈均匀的银白色。

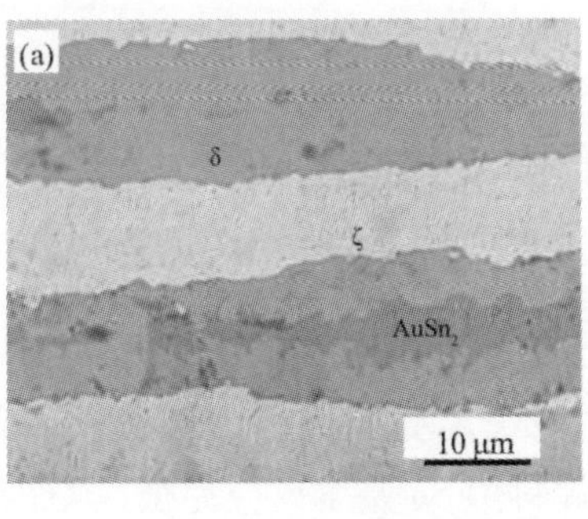

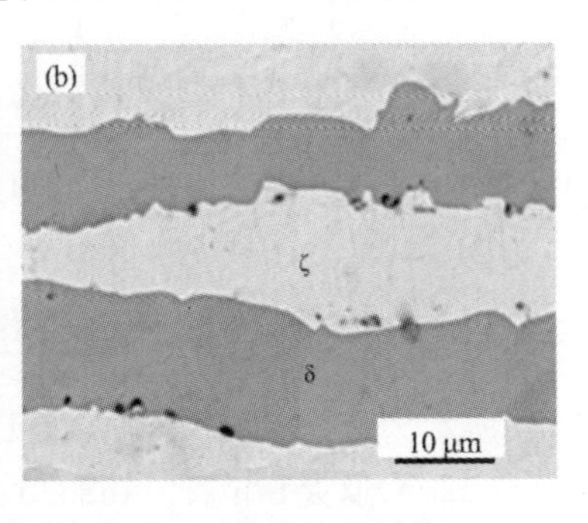

图 3 –5　AuSn20 焊料在 250℃退火不同时间的组织形貌

(a) 6 h; (b) 9 h

Fig. 3 –5 Cross – sectional SEM images of AuSn20 solder aged at 250℃ for various times

(a) 6 h; (b) 9 h

由图 3 –5(b)中还可知，在 δ(AuSn)层的边界处有黑色的孔洞。这是由 Au、Sn 元素的互扩散速率不同而引起的柯肯达尔孔洞。在热力学上，固态界面的互扩散速度随退火温度的升高而增大。在 Au/Sn 界面处，同一温度下 Au 往 Sn 中的扩散速率与 Sn 往 Au 中的扩散速率不同，而且 Au 和 Sn 在金属间化合物层中的扩散速率也不同，其表征方法就是扩散系数 K，而扩散系数 K 是退火温度 T 的函数，其表达式遵循阿累尼乌斯(Arrhenius)公式[97]：

$$K = K_0 \exp\left(\frac{-Q}{RT}\right) \tag{3-1}$$

式中：K_0 为扩散指数因子；Q 为激活焓；R 为阿伏伽德罗常数。

在低温退火时，界面扩散速率都较小，速率差也较小，在界面处没有形成柯肯达尔孔洞；当退火温度升高到 250℃时，界面扩散速率增大，由于各扩散系数 K 的增大幅度不同，导致扩散速率差异增大，在 δ(AuSn)层的边界处有黑色的孔洞。孔洞的形成对焊料的焊接性能会产生不利影响，应该避免。

图 3 –6 所示为叠轧 AuSn20 焊料在 270℃下退火不同时间的显微组织形貌。270℃退火 30 min 后，从 Au 侧到 Sn 侧的化合物层不再由 AuSn、$AuSn_2$ 和 $AuSn_4$ 组成，而是原始的复合层转变成为由细小 ζ(Au_5Sn) + δ(AuSn)组成的共晶组织

[图 3 - 6(a)]。由此可以推测，在 270℃退火时，AuSn20 焊料内部出现液相。由于液相只出现在内部，因此焊料表面呈平整的金黄色。显然，270℃时 Au/Sn 界面的扩散动力学与 160℃、220℃和 250℃退火的扩散动力学相比较发生了变化。一般而言，固 - 液互扩散速率要比固 - 固界面互扩散速率大约大 4 个数量级[97]。在 270℃下退火 50 min 后，AuSn20 焊料内部原始的层状组织基本消失，熔化扩散区域的面积不断增大，并逐渐连接成为一个整体[图 3 - 6(b)]。当退火时间延长至 2 h 时，焊料组织已经完全转变成细小片层共晶组织[图 3 - 6(c)]。

由图 3 - 6(c)中可知，AuSn20 焊料的组织由粗、细两种共晶组织组成。在 270℃退火 2 h 后，AuSn20 焊料熔化。在水冷过程中，焊料快速冷却形成 $\zeta + \delta$ 共晶组织。由于冷却速度较快，导致内部温度不均匀，因此部分组织在 190℃时的共析转变来不及发生，保持了原有的共晶组织。然而，焊料冷却速度较慢的区域，发生了共析转变，形成更加细小的层状共析组织。经过 270℃退火 2 h 后，焊料变脆，而且表面发生褶皱。

由于形成细小共晶组织的 AuSn20 焊料脆性较大，不利于焊料的深加工，因此应控制退火条件防止共晶组织的形成。AuSn20 焊料的合金化退火温度不宜为 270℃。综上所述，焊料的最佳合金化退火工艺为 220℃退火 12 h。

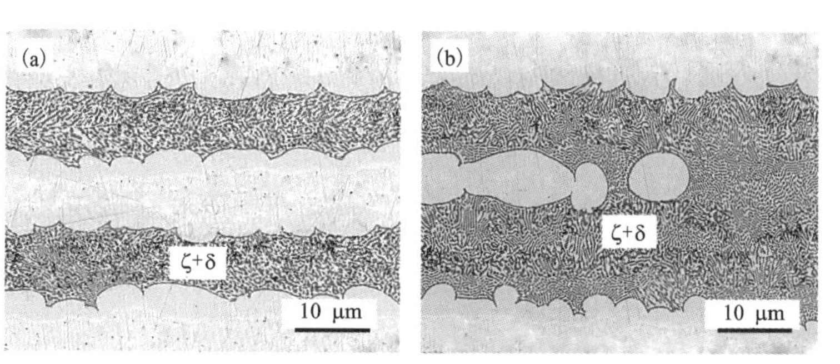

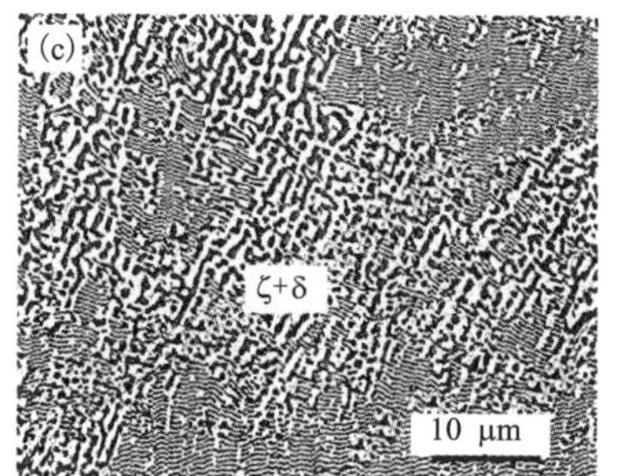

图 3 - 6　AuSn20 焊料在 270℃退火不同时间的显微组织形貌

(a) 30 min; (b) 50 min; (c) 2 h

Fig. 3 - 6 Images of AuSn20 solder aged at 270℃ for various times

(a) 30 min; (b) 50 min; (c) 2 h

3.4 Au/Sn 界面金属间化合物(IMC)层的生长行为

3.4.1 合金化退火过程 IMC 层的生长动力学

Au/Sn 复合带中，Au 和 Sn 层的厚度大约各为 7 μm，合金化退火工艺设计的基础就是要求在该工艺条件下参与扩散反应的 Sn 层厚度大于 7 μm，只有这样才有可能保证焊料的完全合金化，而 Sn 层的消耗取决于界面金属间化合物(IMC)层的生长。从图 3 -2 中可以看出，随着退火时间延长，Au/Sn 界面 IMC 层的厚度不断增大，Sn 层的厚度逐渐减小。在 160℃退火 20 h 后 Au/Sn 复合带中的 Sn 层已完全反应，为了更加清楚 Au/Sn 界面 IMC 层的生长行为，采用 IPP 专业图像分析软件测量 Au/Sn 复合带在 160℃退火不同时间后 IMC 层厚度随退火时间的变化。叠轧后 Au/Sn 复合带在 160℃退火 6 h (2.16×10^4 s)后 IMC 层的形貌放大的 SEM 照片如图 3 -7 所示。IMC 层包括三个化合物层，从 Au 侧到 Sn 侧依次为 AuSn、$AuSn_2$ 和 $AuSn_4$，各层的厚度 l_i 可以由以下公式计算：

$$l_i = \frac{A_i}{w_i}(i = 1, 2, 4, s) \tag{3-2}$$

式中：当 i 分别为 1、2、4 和 s 时所对应的物质层分别为 AuSn、$AuSn_2$、$AuSn_4$ 和总 IMC 层，A_i 是 IPP 专业分析软件测量的 SEM 背散射照片上 IMC 层的面积；而 w_i 是 SEM 照片上 IMC 层的长度。

从图 3 -7 可以看到，AuSn、$AuSn_2$ 和 $AuSn_4$ 在背散射照片中具有良好的衬度，SEM 照片上很容易区分，但是 $AuSn_2$ 和 $AuSn_4$ 层厚度较薄，而且 $AuSn_4$ 层的边界为锯齿状，计算其厚度时误差较大，因此令 $l_n = l_2 + l_4$，表示 $AuSn_2$ 层和 $AuSn_4$ 层的总厚度。

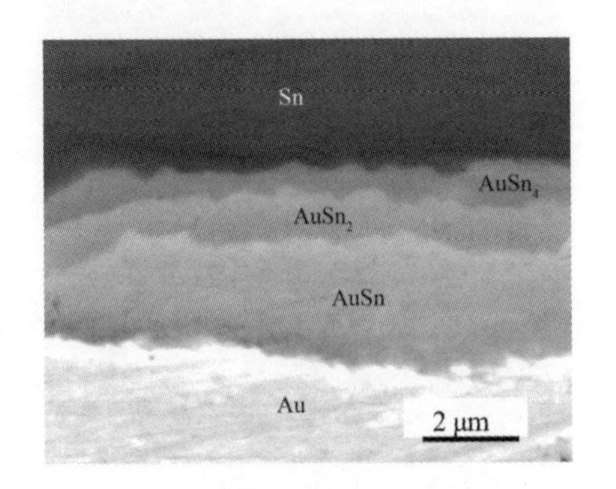

图 3 -7 Au/Sn 复合带在 160℃退火 6 h 后 IMC 层的形貌

Fig. 3 -7 Magnified image of IMC layer of Au/Sn solder aged at 160℃ for 6 h

Au/Sn 复合带在 160℃退火不同时间后，IMC 层的厚度变化情况如图 3－8 中的各点所示。可见，IMC 层厚度随退火时间延长而逐渐增大。图 3－8 中横坐标为退火时间，纵坐标为 IMC 层厚度值，IMC 层厚度的对数与退火时间的对数呈近线性关系。采用以下关系式来描述 IMC 层随退火时间的生长行为：

$$l_i = k_i \left(\frac{t}{t_0}\right)^n \tag{3-3}$$

式中：t_0 为单位时间，1 s，t/t_0 表示时间的无方向性；k_i 为比例系数，是与 l_i 方向相同的矢量；而幂指数 n 是标量。

采用最小二乘法对图 3－8 中各 IMC 层的厚度值进行拟合，如图 3－8 中的直线所示，图中各 IMC 层厚度值基本围绕拟合直线分布。由此可知，IMC 层的生长行为可以用拟合直线的相关参数加以描述。在 160℃退火时，Au/Sn 界面的总 IMC 层、AuSn 层、以及 $AuSn_2$ 和 $AuSn_4$ 复合层生长的幂指数都是 0.405，而比例系数分别为 5.84×10^{-8} m、2.94×10^{-8} m 和 2.78×10^{-8} m。

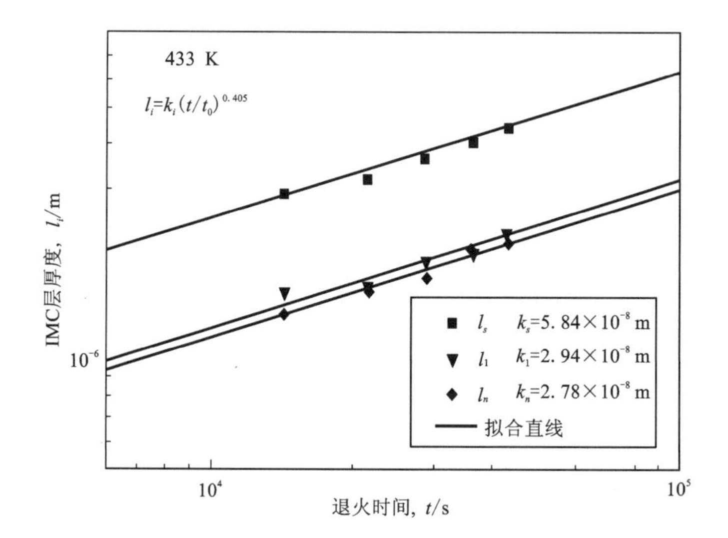

图 3－8　Au/Sn 复合带在 160℃退火时 IMC 层厚度随退火时间的变化曲线

Fig. 3－8 Thickness of IMC layer vs. aging time for Au/Sn laminated layer aged at 160℃

Au/Sn 复合带在 220℃退火不同时间后，IMC 层的厚度变化情况如图 3－9 所示。可见，在 220℃退火时，IMC 层生长的幂指数 n 为 0.311，比在 160℃退火时的幂指数小，但是扩散比例系数比 160℃时大一个数量级。

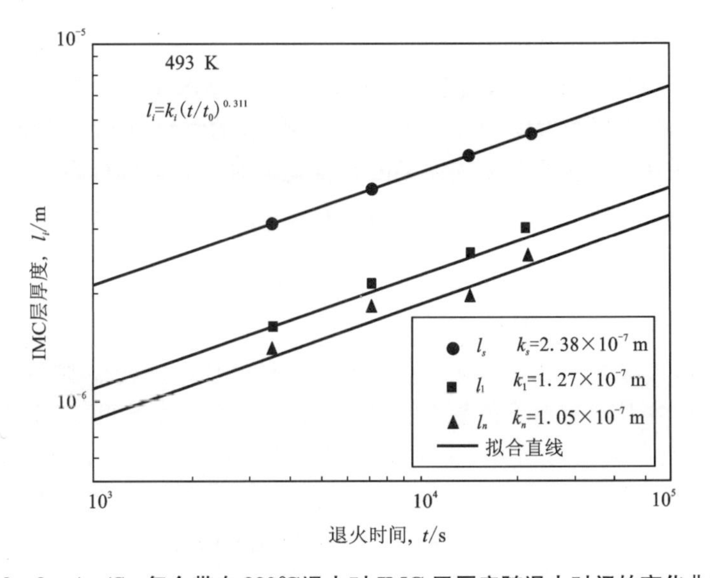

图 3－9　Au/Sn 复合带在 220℃退火时 IMC 层厚度随退火时间的变化曲线

Fig. 3－9 Thickness of IMC layer vs. aging time for Au/Sn laminated layer aged at 220℃

由 Au/Sn 复合带的组织演变可知，当复合带完全合金化时原始的 Sn 层全部转变成为 AuSn 层，这就意味着 AuSn 层的厚度至少为 7 μm 才能保证复合带完全合金化。由于 AuSn 层在复合带中两边同时生长，因此单边 AuSn 层厚度至少为 3.5 μm。从图 3－8 和图 3－9 中可以计算得出，在 160℃和 220℃退火时，单边 AuSn 层厚度生长 3.5 μm 大约需要的时间分别为 37 h 和 12 h。组织观察中，Au/Sn复合带在 160℃和 220℃退火达到完全合金化所需的时间分别为 40 h 和 12 h。可见，理论计算值与实验值基本一致。从生产效率考虑，Au/Sn 复合带完全合金化的最佳退火工艺为 220℃和 12 h。

3.4.2　叠层冷轧对 IMC 层生长行为的影响

Yamada 等[98]探讨 Sn/Au/Sn 扩散偶在 120℃和 200℃退火时 IMC 层的厚度随退火温度和时间的变化，研究了 Au/Sn 界面 IMC 层的生长动力学。他们报道了 120℃下 Au/Sn 界面总 IMC 层厚度随退火时间增大的比例系数 $k=5.39\times10^{-8}$ m，指数 $n=0.477$，200℃下比例系数 $k=9.55\times10^{-7}$ m，指数 $n=0.362$，得到 IMC 层厚度随退火时间变化曲线，如图 3－10 所示。由此可以计算，在平衡条件下，120℃和 200℃下退火 12 h（4.32×10^4 s）后 Au/Sn 界面 IMC 层的厚度为 8.76 μm 和 45.50 μm。叠层冷轧后的 Au/Sn 复合带在 160℃和 220℃退火 12 h 后，总 IMC 层的厚度分别为 4.4 μm 和 6.58 μm。显然，叠层冷轧后 Au/Sn 界面 IMC 层的生长速度明显减小，产生这种现象的原因应该是冷轧过程产生的扩散层的影响。在合金化退火时，界面发生的扩散不是 Au 在 Sn 中的扩散，而首先是 Au 和 Sn 在扩散层中的扩散，总 IMC 层的生长是 Au 和 Sn 的扩散反应产生的。冷轧过程产生的扩散层在退火过程中对 Au 和 Sn 的互扩散起到一定的阻碍作用，因此，总 IMC 层生长速度减小。

此外，在 Sn/Au/Sn 扩散偶中，AuSn 层的厚度和生长速度明显比 $AuSn_4$ 层小，而在 Au/Sn 复合带中，AuSn 层厚度和生长速度都比 $AuSn_4$ 大。$AuSn_4$ 层长大的反应如式(2－7)所示，即扩散到 Sn 层的[Au]原子与 Sn 之间的反应。在复合带中，[Au]原子扩散到 Sn 中要穿过 AuSn、$AuSn_2$ 和 $AuSn_4$ 复合 IMC 层，扩散速度明显减小，式(2－7)的反应速度降低，因此 $AuSn_4$ 层生长缓慢。AuSn 层的生长反应如式(2－8)和式(2－9)所示，即 Au 与 $AuSn_4$ 之间的反应，或者[Au]原子与 $AuSn_2$ 之间的反应。在复合带中，式(2－8)和式(2－10)同时发生，[Au]原子扩散到 AuSn/$AuSn_2$ 界面的时间较短，AuSn 层的生长的孕育期比 $AuSn_4$ 短。当[Au]原子扩散到 $AuSn_2$/$AuSn_4$ 界面时，发生式(2－8)的反应，同时消耗部分 $AuSn_4$，$AuSn_4$ 层的厚度比 AuSn 层的厚度薄，生长速度也比 AuSn 层的生长速度小。

Au/Sn 界面固态扩散遵循扩散控制机制，IMC 层增长的比例系数 k 是退火绝对温度 T 的函数，其表达式符合 Arrhenius 公式[97]：

$$k_i = k_0 \exp\left(\frac{-Q_k}{RT}\right) \tag{3-4}$$

式中：k_0 为扩散指数因子；Q_k 为对应比例系数 k 的激活焓；R 为阿伏伽德罗常数。

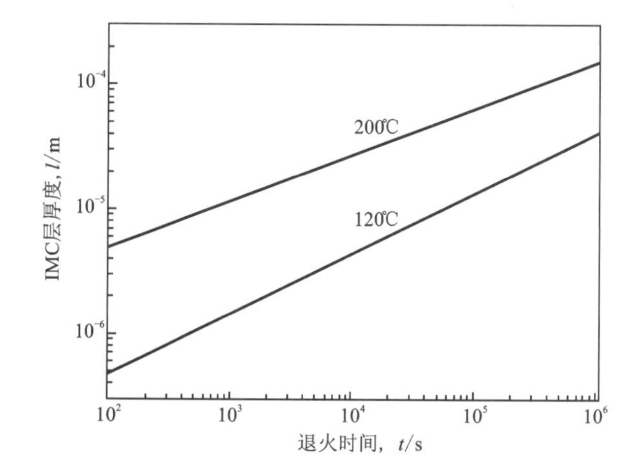

图3－10　Sn/Au/Sn 扩散偶在120℃和200℃退火时 IMC 层厚度与退火时间的关系曲线[98]

Fig. 3－10 Thickness of IMC layer vs. aging time for Sn/Au/Sn diffusion couple at 120℃ and 200℃[98]

Sn/Au/Sn 扩散偶和 Au/Sn 复合带在不同温度下退火 IMC 层生长的比例系数 k 如表 3－1 所示。将不同温度下的扩散比例系数 k 代入式(3－4)，则 Sn/Au/Sn 扩散偶中 IMC 层生长的指数因子 k_0 为 1.3 m，激活焓 Q_k = 55.53 kJ/mol。Au/Sn 复合带 IMC 层生长的指数因子 k_0 为 6.02×10^{-3} m，激活焓 Q_k = 41.56 kJ/mol。显然，Au/Sn 复合带中 IMC 层生长的扩散指数因子和激活焓 Q_k 都比 Sn/Au/Sn 扩散偶小。

表 3－1　Sn/Au/Sn 扩散偶和 Au/Sn 复合带在不同温度下退火 IMC 层生长的比例系数 k

Tab. 3－1 Proportionality coefficient k vs. reciprocal of the aging temperature for Au/Sn solder and Sn/Au/Sn diffusion couple

样品类型	不同温度(℃)下的比例系数 k			
	120	160	200	220
Sn/Au/Sn 扩散偶	5.39×10^{-8}	—	9.55×10^{-7}	—
Au/Sn 复合带	—	5.84×10^{-8}	—	2.38×10^{-7}

3.4.3　合金化退火过程中 IMC 层的相转变

总结 AuSn20 焊料组织在固态温度合金化退火过程的演变规律可知，随着退火时间和温度的变化，Au/Sn 界面金属间化合物相组成不断发生变化，在不同退火温度和时间条件下焊料中金属间化合物组成情况如表 3－2 所示。在 160℃ 退火时，随时间延长，AuSn、$AuSn_2$ 和 $AuSn_4$ 层逐渐长大，Sn 层逐渐减小；随着退火温度升高，Sn 层、$AuSn_4$ 层和 $AuSn_2$ 层逐渐消失，Au_5Sn 相在退火温度较高且退火时间较长时才能产生。显然，焊料中化合物相随退火时间延长和退火温度升高逐渐发生转变。

表 3 – 2　不同退火温度和时间的复合带的相组成

Tab. 3 – 2 Phases composite of Au/Sn solder at different aging temperatures and times

退火温度/℃	退火时间/h					
	6	9	10	12	30	40
160	Au, Sn AuSn $AuSn_2$ $AuSn_4$	—	—	Au, Sn AuSn $AuSn_2$ $AuSn_4$	Au AuSn $AuSn_2$ Au_5Sn	Au_5Sn AuSn
220	Au AuSn $AuSn_2$ $AuSn_4$	—	Au AuSn $AuSn_2$ Au_5Sn	Au_5Sn AuSn	—	—
250	Au AuSn $AuSn_2$ Au_5Sn	Au_5Sn AuSn	—	—	—	—

表 3 – 3 给出了 Au 与 Sn 反应生成 AuSn、$AuSn_2$、$AuSn_4$ 相的吉布斯自由能 ΔG 的函数[86]。根据吉布斯自由能函数作出的曲线如图 3 – 11 所示。当 Au 和 Sn 反应量充足时，Au 和 Sn 扩散反应在平衡反应条件下进行，相析出的反应次序与叠轧过程的反应次序基本一致，见式(2 – 7)、式(2 – 8)、式(2 – 9)和式(2 – 10)。即当 Au/Sn 发生互扩散时，Au 优先往 Sn 扩散形成 $AuSn_4$ 相，随后产生 AuSn 和 $AuSn_2$ 相。从图 3 – 11 可以看出，在 160℃(433K)时，$AuSn_4$ 相的吉布斯自由能 ΔG 最低，界面反应优先产生 $AuSn_4$ 相，而且以稳定态存在。

表 3 – 3　各相的生成吉布斯自由能函数[86]

Tab. 3 – 3 Formation Gibbs energy of phases[86]

反应方程	生成吉布斯自由能函数 ΔG/J
$Au + Sn \rightarrow AuSn$	$-30586.97 + 5.110T$
$Au + 2Sn \rightarrow AuSn_2$	$-42651 + 14.25T$
$Au + 4Sn \rightarrow AuSn_4$	$-37198.5 - 0.2183T$

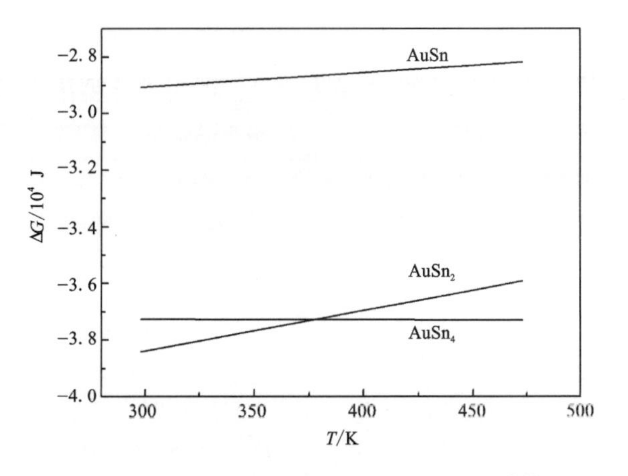

图 3－11　Au 与 Sn 反应生成各相的 ΔG[86]

Fig. 3－11 ΔG of formation reaction between Sn and Au[86]

当 Sn 反应量不足时，ΔG 曲线如图 3－12 所示。可见，当 Sn 量不足时，金属间化合物中 AuSn 相最稳定，其次是 $AuSn_2$ 相。$AuSn_4$ 相最不稳定，容易分解为 AuSn 相。当 Au/Sn 复合带中的纯 Sn 层完全反应转变成为金属间化合物后，界面处扩散反应的反应式也相应地发生了转变。当 Sn 消耗完全后，式(2－7)反应停止，即 $AuSn_4$ 层的增长停止。由于式(2－8)、式(2－9)和式(2－10)还在继续进行，不断消耗 $AuSn_4$ 层，因此焊料中 $AuSn_4$ 层厚度逐渐减小，直至反应完全。当焊料组织中 $AuSn_4$ 完全消耗后，IMC 层中只有 $AuSn_2$ 和 AuSn 层[图 3－2(c)]。因为 $AuSn_2$ 的 ΔG 比 AuSn 高，所以 $AuSn_2$ 相继续分解形成 AuSn 相，IMC 层最终转变成为 AuSn 层[图 3－2(d)]。

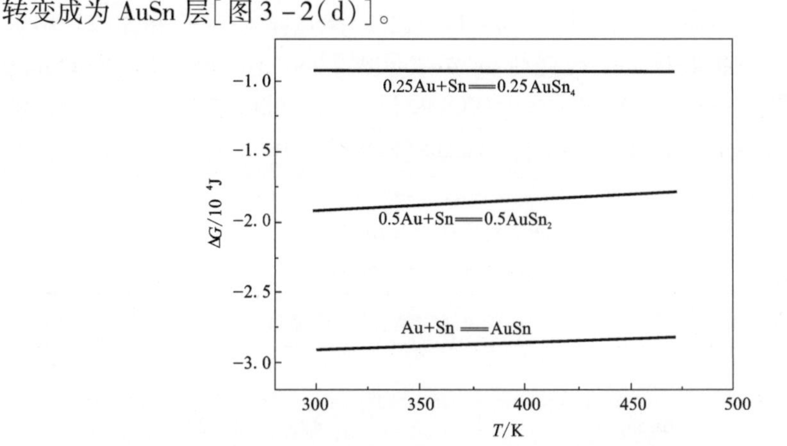

图 3－12　不足量的 Sn 与 Au 反应生成各相的 ΔG[86]

Fig. 3－12 ΔG of formation reaction in case of Au and insufficient Sn[86]

在文献[98]报道的追踪试验中，Sn 在 Au 中的扩散系数 $K_0 = 4.1 \times 10^{-6}$ m^2/s，激活焓 $Q = 143$ kJ/mol。根据式(3 - 1)可以计算得出退火温度为 160℃(433K)、220℃(493K)和 250℃(523K)时 Sn 在 Au 中的扩散系数分别为 2.3×10^{-23} m^2/s、2.89×10^{-21} m^2/s 和 2.14×10^{-20} m^2/s。

由于 Sn 是四方晶格结构，Au 在 Sn 中的扩散是各向异性的。用 K^a_{Au} 和 K^c_{Au} 表示 Au 在 Sn 中两个方向的扩散系数。在 K^a_{Au} 方向，$K^a_0 = 1.6 \times 10^{-5}$ m^2/s，$Q_a = 74.1$ kJ/mol，在 K^c_{Au} 方向上 $K^c_0 = 5.8 \times 10^{-7}$ m^2/s，$Q_c = 46.0$ kJ/mol[98]。由此可以计算得出，当退火温度为 160℃(433K)、220℃(493K)和 250℃(523K)时 Au 在 Sn 中 K^a_{Au} 方向的扩散系数分别为 1.84×10^{-14} m^2/s、2.25×10^{-13} m^2/s 和 6.35×10^{-13} m^2/s；K^c_{Au} 方向的扩散系数分别为 1.64×10^{-12} m^2/s、7.75×10^{-12} m^2/s 和 1.48×10^{-11} m^2/s。Au 在 Sn 中的扩散系数 K_{Au} 等于 K^a_{Au} 和 K^c_{Au} 的几何平均值，即：

$$K_{Au} = \sqrt{(K^a_{Au})^2 + (K^c_{Au})^2} \tag{3-5}$$

由式(3 - 5)可以计算退火温度为 160℃(433K)、220℃(493K)和 250℃(523K)时，Au 在 Sn 中的扩散系数 K_{Au} 分别为 1.64×10^{-12} m^2/s、7.76×10^{-12} m^2/s 和 1.48×10^{-11} m^2/s，与 K^c_{Au} 的值比较接近，由此可见，Au 在 Sn 中的扩散基本就是在 K^c_{Au} 方向上的扩散。

比较 K_{Sn} 和 K_{Au} 可知，在 160℃时，Au 在 Sn 中的扩散速度比 Sn 在 Au 中的扩散速度大 11 个数量级；在 220℃和 250℃时，Au 在 Sn 中的扩散速度比 Sn 在 Au 中的扩散速度大 9 个数量级。这就决定了当 Au/Sn 界面发生扩散时，Au 先往 Sn 中扩散生成富 Sn 的 $AuSn_4$ 相，然后发生前面所述的一系列相生成和相转变的反应。

不管是 Sn 在 Au 中的扩散速度，还是 Au 在 Sn 中的扩散速度，均随着退火温度的升高而增大。从焊料的组织转变中可以看出，随着温度升高，Au/Sn 界面的扩散速度增大，如图 3 - 2 和图 3 - 4 所示，在 160℃下退火 12 h，焊料中还有未完全反应的纯 Sn 层，而在 220℃下退火 6 h 后，焊料中 Sn 层反应完全。220℃时的退火时间只有 160℃时的 1/2，但是 Au/Sn 界面的扩散程度却比 160℃时的扩散程度大很多，可见 220℃时的扩散速度明显增大。随着退火温度升高，组织中的相转变速度也增大。在 220℃退火 6 h 的组织中看到的 $AuSn_4$ 层，在 250℃退火 6 h 的组织中已经完全分解成为 $AuSn_2$ 和 AuSn 相。

在低温固态扩散中没有或只有少量无法检测到的 Au_5Sn 相产生。根据 Au_5Sn 的形成动力学条件，只有 Sn 往 Au 中扩散，在富 Au 状态下才能反应生成 Au_5Sn 相[99]。而在低温条件下 Sn 往 Au 和 IMC 层的扩散速率远远小于 Au 往 Sn 和 IMC 层的扩散速率，因此，低温固态扩散温度下不能生成 Au_5Sn 相。当退火温度从

160℃升高到 220℃和 250℃时，Sn 在 Au 中的扩散系数分别提高了 2 ~ 3 个数量级。随着温度升高和退火时间延长，Sn 不断扩散到 Au 中，与 Au 发生反应形成富 Au 的 Au_5Sn 相，反应式为：

$$[Sn] + 5Au = Au_5Sn \tag{3-6}$$

在 220℃和 250℃退火的焊料中可以检测到 Au_5Sn 相，而且 Au_5Sn 随退火时间的延长而逐渐增大。

3.5 合金化退火后焊料的相组成和熔化特性分析

在 220℃合金化退火 12 h 后的 AuSn20 焊料的 X 射线衍射分析图谱如图 3 - 13 所示。合金化退火后 AuSn20 焊料的相组成中只有 Au_5Sn 和 AuSn 两相，未检测到其他的金属间化合物相和 Au、Sn 单质相，该检测结果与焊料的组织分析结果一致。该结果表明，在 220℃合金化退火 12 h 后 Au/Sn 复合带扩散充分，完成 Au、Sn 单质的完全合金化，形成均质的 AuSn20 合金焊料。

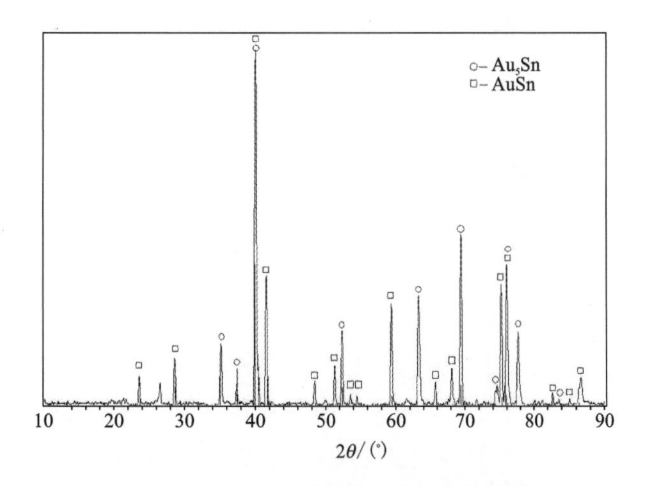

图 3 - 13 AuSn20 焊料的 XRD 分析图谱

Fig. 3 - 13 X - ray diffraction pattern of AuSn20 solders

完全合金化后的 AuSn20 焊料的熔化特性曲线如图 3 - 14 所示。可见，完全合金化后的 AuSn20 焊料起始熔化温度为 280.7℃，熔化终了温度为 283.2℃，熔化区间为 2.5℃。与叠轧态 Au/Sn 焊料的 DSC 曲线相比(图 2 - 8)，熔化起始温度基本相同，但是熔化温度范围明显减小。此外，合金化退火态 AuSn20 焊料的 DSC 曲线中 217℃和 255℃的吸热峰消失，只有 280℃共晶转变温度的吸热峰。根据 Au - Sn 二元相图[25]，217℃有富 Sn 的共晶反应发生，252℃有包析反应发生。

图 2－8 显示叠轧态的 Au/Sn 焊料在 DSC 检测过程发生了富 Sn 的共晶转变和包析转变，而完全合金化的 AuSn20 焊料在 DSC 检测过程只有 Au80Sn20 成分的共晶转变。该结果表明，合金化退火后，AuSn20 焊料中没有低熔点相和低温反应，而且焊料熔化温度范围减小，避免了焊料在钎焊过程的无规则漫流，改善了焊接性能。

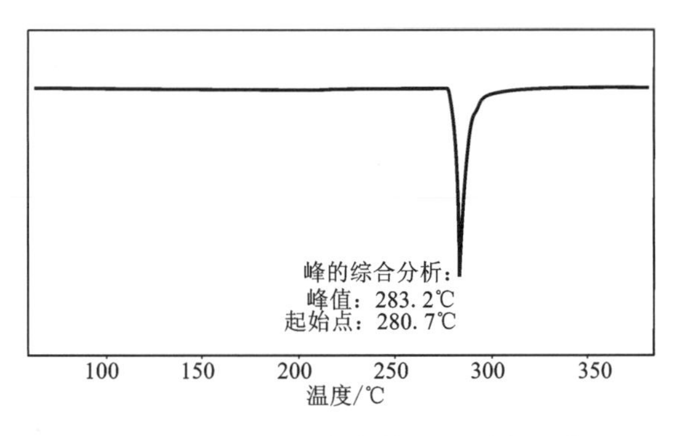

图 3－14　AuSn20 焊料的 DSC 分析图谱

Fig. 3－14 DSC curve of AuSn20 solder

3.6　本章小结

①在 AuSn20 焊料的合金化退火过程中，Au/Sn 界面的 IMC 层随着退火时间延长而逐渐长大，Au、Sn 单质层的厚度逐渐减小。在 160℃ 下退火 40 h 或在 220℃ 下退火 12 h，焊料中的单质层反应完全，组织全部转变为层状的δ－(AuSn) 和 ζ－(Au_5Sn) 相。

②在 160℃、220℃ 和 250℃ 下退火时，Au/Sn 界面扩散属于固－固界面扩散，IMC 层的增长行为符合扩散控制机制；在 250℃ 下退火时，焊料组织中由于扩散速率差而产生柯肯达尔孔洞；在 270℃ 下退火时，焊料中的低熔点相液化，扩散界面转变为固－液界面，扩散速度迅速增大。焊料形成共晶组织，呈脆性，且表面质量下降。AuSn20 焊料合金化退火的最佳工艺为 220℃ 下退火 12 h。

第 4 章　AuSn20/Cu(Ni)焊点的界面反应及性能

4.1　引言

焊料与基板之间在钎焊过程发生反应形成 IMC，可使焊料与金属基板之间形成良好的冶金结合。但是，在元器件工作过程中，由于焊点发热使焊料与基材界面 IMC 层逐渐增长[38]，IMC 层的过分长大会增大焊点的脆性和电阻，使焊点的力学性能和电性能下降[100]。焊点在服役中的发热现象使接头性能下降的过程称为焊点的老化。为了评估焊点在电子产品中的可靠性，通常采用等温退火来等效模拟焊点服役过程发热现象对组织和性能的影响，该热处理过程称为老化退火。

在电子工业中，Cu 是常用的金属覆膜材料，焊料与 Cu 的界面反应是焊料应用研究的主要内容之一。常用 Sn 基无铅焊料在钎焊过程中与 Cu 发生扩散形成 Cu - Sn 化合物，完成良好连接。但是 Cu 往焊料的扩散速度很快，当基体为薄片时容易产生“铜穿”，导致焊点失效[7]，为了有效抑制 Cu 的扩散，Cu 基体表面往往要镀镍才能施焊。此外，Ni 也是电子工业常用的金属基板之一，而且通常某些具有特殊要求的领域为了提高抗腐蚀和抗氧化性，需使 Cu 基板表面镀 Ni 之后才施焊，因此，焊料/Ni 的界面反应在电子封装领域是最常见的[101-105]。Sn 基无铅焊料与 Ni 基板钎焊时，Ni 原子能快速扩散进入焊料中与 Sn 反应形成 Ni - Sn IMC 层，从而达到焊接的效果。但是由于 Ni - Sn IMC 层固有的脆性，界面 IMC 层过分长大会导致焊点的性能降低[102, 103]，因此焊料与 Ni 界面 IMC 层的厚度、形貌以及随时间的变化行为对焊点的可靠性有很大影响。

本章研究 AuSn20 焊料与镀 Ni 或未镀 Ni 的 Cu 基板钎焊的焊点组织，探讨焊点界面 IMC 层随钎焊工艺的变化及其对焊点剪切强度的影响；采用退火模拟焊点服役过程的热影响，研究 IMC 层随退火时间延长和退火温度升高的生长动力学行为，并分析 IMC 层对焊点力学可靠性的影响。

4.2　实验

4.2.1　焊点制备

将纯 Cu 片切成 35 mm×6 mm×1 mm 的片材，用丙酮、酒精将表面清洗干净后，在 280 g/L 的 $NiSO_4$ 镀液中电镀 Ni。为了得到不同厚度的 Ni 镀层，本实验对 Cu 片分别施镀 1.5 min 和 5 min，施镀电流均为 0.2 A。施镀 1.5 min 的 Cu 片表面镀层约为 3 μm，而施镀 5 min 的 Cu 片表面镀层厚度约为 11 μm。将尺寸为 5 mm×5 mm×0.05 mm 的 AuSn20 焊料片，与表面镀 Ni 或未镀 Ni 的 Cu 片搭建 Cu/AuSn20/Cu 和 Ni/AuSn20/Ni 焊点。图 4－1 所示为焊点搭建示意图。将焊点在真空条件下钎焊不同时间，钎焊温度选择为比焊料熔点高 30℃ 的 310℃。钎焊后 Ni/AuSn20/Ni 焊点的实物图如图 4－2 所示。接头钎焊后的冷却方式为：水冷、空冷和炉冷。

钎焊 1 min 后空冷的 Ni/AuSn20/Ni 焊点封入石英管中，在退火炉中加热 120℃、160℃和 200℃，油浴保温退火 24 h、100 h、300 h、500 h 和 1000 h。研究退火时间和温度以及 Cu 基体表面镀层的厚度对焊点的组织和性能的影响。

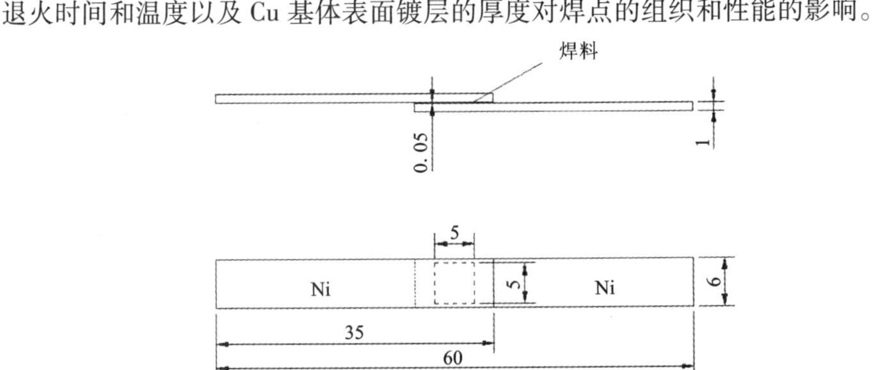

图 4－1　焊点搭建示意图/mm

Fig. 4－1 Schematic illustration of the joint/mm

图 4－2　Ni/AuSn20/Ni 焊点实物图

Fig. 4－2 Picture of Ni/AuSn20/Ni joints

4.2.2 性能检测

在 CCS－44100 型电子万能试验机上检测 Ni/AuSn20/Ni 焊点的剪切强度，并在扫描电子显微镜上观察其断口形貌和断裂截面。用 Quanta 200 型环境扫描电子显微镜观察焊点界面的显微组织形貌，并结合 EDS 能谱和 X 射线衍射(XRD)分析 IMC 层的相组成。用王水腐蚀掉断口形貌上的残余焊料，用 Quanta 200 型环境扫描电子显微镜观察 IMC 层的颗粒形貌。

4.3 AuSn20/Cu 焊点的显微组织

AuSn20 焊料与未镀镍的 Cu 片钎焊的焊点的显微组织如图 4－3 所示。可见，AuSn20/Cu 焊点在 310℃下钎焊 1 min 后，焊料/Cu 界面形成厚度较薄的扩散层(约 3 μm)。此外，还有片状组织由扩散层往焊料内部生长。对扩散层[图 4－3(a)的 A 点]进行 EDS 能谱分析如图 4－4 所示。扩散层的成分为 61.77% Au－24.36% Cu－13.87% Sn (摩尔分数)。片状组织的能谱图与此基本一致，而片状组织的成分中各元素的摩尔分数为 60.53% Au－25.22% Cu－14.25% Sn[图 4－3(a)的 B 点]。由此可以得知扩散层与片状组织的相组成相同，其中(Au＋Cu)与 Sn 的原子比接近 5:1，说明焊料/Cu 界面的反应产物为 $\zeta-(Au, Cu)_5Sn$。Au－Cu－Sn 三元体系等温截面[106]如图 4－5 所示。从图 4－5 中可以看出，$\zeta-Au_5Sn$ 相中可以固溶较高含量的 Cu，在 AuSn20/Cu 焊点中，$\zeta-Au_5Sn$ 相析出时固溶了大量的 Cu，形成 $\zeta-(Au, Cu)_5Sn$ 三元化合物。

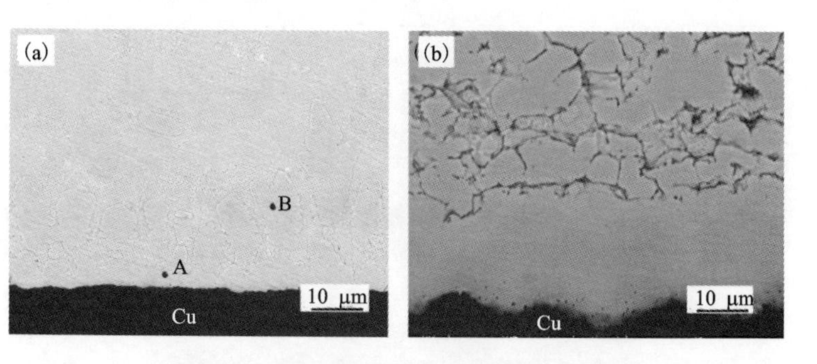

图 4－3 Cu/AuSn20/Cu 焊点的显微组织

(a)1 min; (b)5 min

Fig. 4－3 Microstructure of Cu/AuSn20/Cu as－reflowed joints

(a)1 min; (b)5 min

延长钎焊时间至 5 min 后，界面扩散层的厚度明显增大(约 12 μm)，如

图4－3(b)所示。这充分表明Cu与焊料之间的扩散速度极快。在需预防“铜穿”的元器件焊接中，焊料与Cu的直接对焊是需要避免的，因此Cu表面通常要做镀层处理。从图4－3(b)中还可以看出，钎焊5 min后，Cu已扩散到焊料内部形成$CuAu_3$化合物。焊料/Cu界面变得凹凸不平，而且还有许多沿IMC层边界弥散分布的孔洞。界面处往Cu侧凸出的胞状扩散层应该是钎焊过程焊料中的Au和Sn往Cu基体扩散时形成的，而沿界面分布的孔洞是扩散速度差产生的柯肯达尔孔洞。从AuSn20/Cu焊点的组织中可以得知，AuSn20焊料在电子封装的焊接应用中，不适合与Cu基体直接对焊，在本书的研究中AuSn20焊点主要是与镀镍的Cu基体对焊。

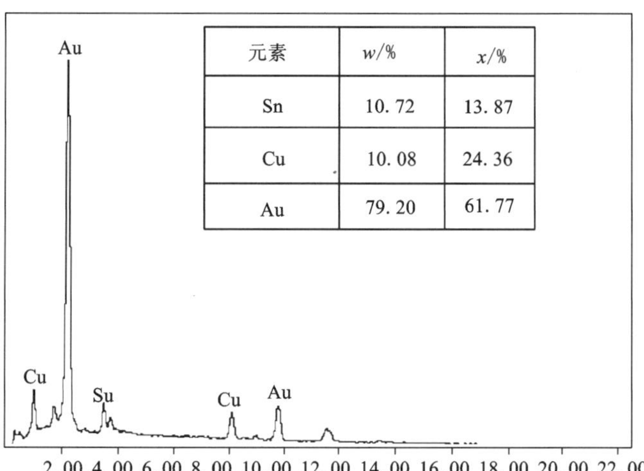

元素	w/%	x/%
Sn	10.72	13.87
Cu	10.08	24.36
Au	79.20	61.77

图4－4　AuSn20/Cu焊点IMC层的EDS能谱分析图谱

Fig. 4－4 EDS analysis of the IMC layer in AuSn20/Cu joint

4.4　AuSn20/Ni焊点的显微组织与性能

4.4.1　AuSn20/Ni焊点的显微组织

图4－6所示为Ni/AuSn20/Ni焊点在310℃下钎焊不同时间后水冷至室温的样品横截面SEM照片。可见，钎焊1 min后，焊料中由ζ和δ两相组成的层条状组织转变成为细小的共晶组织，焊料和Ni镀层之间形成很薄一层IMC层[图4－6(a)]，在背散射扫描电镜下与共晶组织和Ni基体的衬度相差较大，在SEM背散射照片中很容易就能分辨出来。扩散层上方有弥散分布的六边形的黑色相和少量

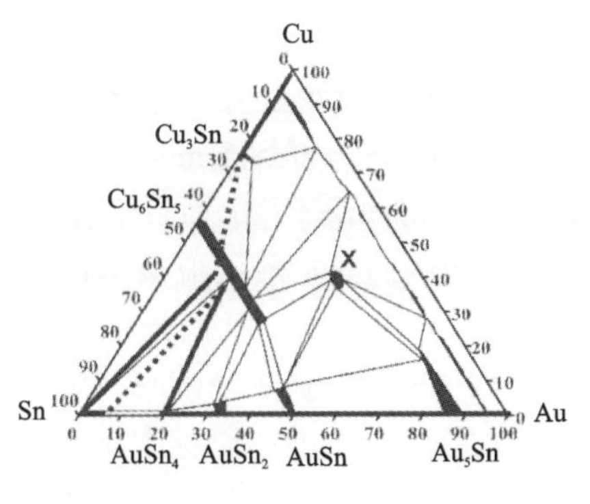

图 4-5　Au-Sn-Cu 三元体系 190℃等温截面[106]

Fig. 4-5 Isothermal section of Au-Sn-Cu ternary system at 190℃[106]

粗化的白色相，棒状黑色相与扩散层的衬度一致，而粗化的白色相的衬度与共晶组织中的白色相一致。当钎焊时间延长至 5 min 时，与钎焊 1 min 的焊点相比，焊料的共晶组织基本不变，但是焊料/Ni 界面 IMC 层厚度增大，焊料内部弥散分布的黑色相聚集在 IMC 层上方以棒状组织往焊料内部延伸生长[图 4-6(b)]。当钎焊时间延长至 10 min 和 15 min 时[图 4-6(c)和(d)]，焊料的共晶组织也基本不变，但是焊料内的 IMC 层的厚度以及棒状黑色相都明显增大。

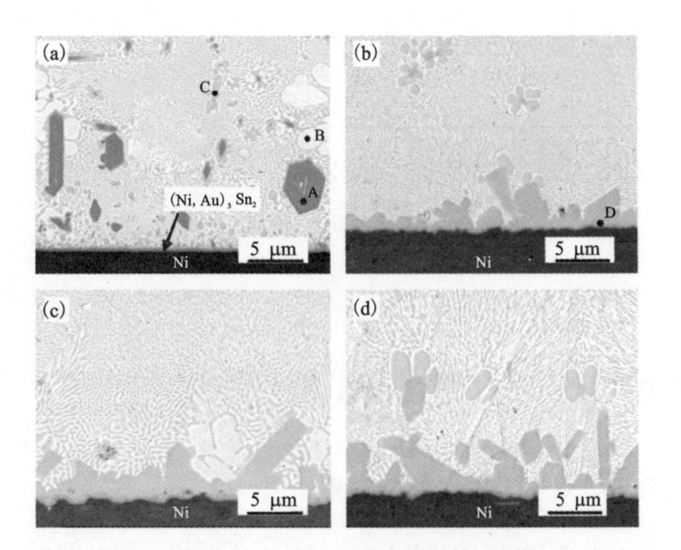

图 4-6　Ni/AuSn20/Ni 钎焊不同时间水冷焊点 SEM 照片

(a)1 min; (b)5 min; (c)10 min; (d)15 min

Fig. 4-6 SEM images of water-cooled Ni/AuSn20/Ni joints with different reflow times

(a)1 min; (b)5 min; (c)10 min; (d)15 min

钎焊1 min的Ni/AuSn20/Ni焊点X射线衍射分析图谱如图4-7所示。从XRD图谱中看到钎焊1 min后的Ni/AuSn20/Ni焊点中只存在Au_5Sn、AuSn和Ni_3Sn_2三种物质相。但是图4-6(a)所示的焊点组织由扩散层、共晶组织、六边形相、粗化灰色相和粗化白色相等多种相组成。结合Au-Sn二元相图[25]分析可以得知，钎焊焊点中细小的共晶组织应该是ζ(Au_5Sn)和δ(AuSn)两相的共晶。而其他相在X衍射分析中并未检测到。为了进一步确定焊点的相组成，采用EDS能谱分析对焊点中各相进行成分鉴定，结果如图4-8所示。

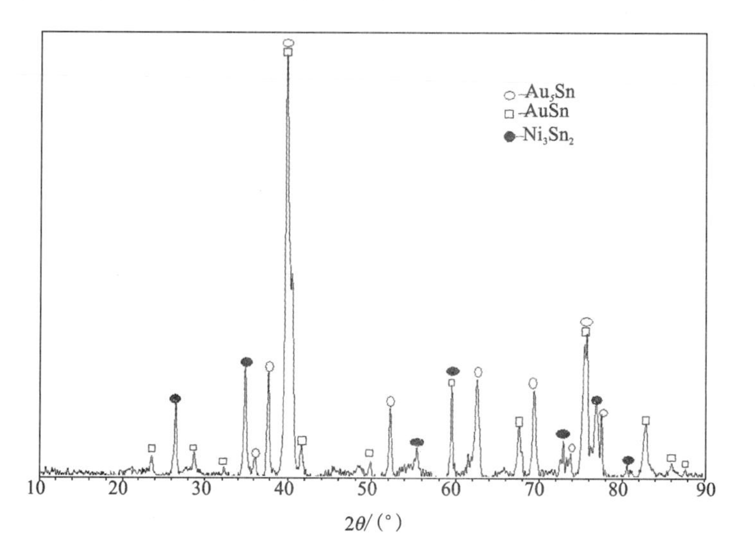

图4-7 钎焊1 min的Ni/AuSn20/Ni焊点X射线衍射分析图谱

Fig. 4-7 XRD pattern of Ni/AuSn20/Ni joint as-reflowed for 1 min

图4-6中六边形相、粗化白色相、粗化灰色相和扩散层所对应的点A、B、C和D点处的EDS能谱分析图谱如图4-8所示。从图4-8(a)可知，焊点中弥散分布的黑色六边形相为Ni-Sn-Au化合物，各元素的原子百分含量为43.19% Ni-41.39% Sn-15.42% Au。结合Au-Ni-Sn三元体系室温等温截面[107](图4-9)可知，该成分配比符合的相区为Ni_3Sn_2相区，由此可以得知黑色六边形相为固溶15.42% Au的Ni_3Sn_2相。图4-8(b)和(c)显示组织中粗化的白色相和灰色相分别为Au_5Sn和AuSn，Au_5Sn相中没有固溶或者固溶极少量的Ni，在EDS分析中未检测到Ni，而AuSn相中固溶了2.82%的Ni，如图4-8(c)所示。图4-8(d)所示的IMC层的成分与4-8(a)所示的黑色六边形相的成分较接近，各元素原子百分含量为42.70% Ni-41.23% Sn-16.07% Au，与图4-8(a)相比较，Sn含量基本相同，但是Ni含量降低，Au含量增大。成分配比符合的相区也是Ni_3Sn_2相，由此可以得知IMC层为固溶26.37% Au的Ni_3Sn_2相。

由图 4－9 所知，Au－Ni－Sn 三元体系中的一些二元相，如 AuSn、Au_5Sn、Ni_3Sn_2 等，对第三元素的固溶度范围都较大。图 4－9 显示室温下 Ni_3Sn_2 中大约 50% 的 Ni 原子可以被 Au 取代，即 Ni_3Sn_2 中可以固溶摩尔分数大约为 30% 的 Au。这是由于 Au 与 Ni 的晶体结构相似，Ni 能够扩散进入 AuSn 和 Au_5Sn 中形成(Au，Ni)Sn 和 $(Au, Ni)_5Sn$，Au 能够通过扩散进入 Ni_3Sn_2 相的晶格中取代部分 Ni 原子而形成 $(Ni, Au)_3Sn_2$ 三元化合物。在 AuSn、Au_5Sn、Ni_3Sn_2 相中虽然固溶了第三组元，但是相结构和基本性质保持不变，在 X 射线衍射分析中检测到的相组成是 AuSn、Au_5Sn 和 Ni_3Sn_2，如图 4－7 所示。

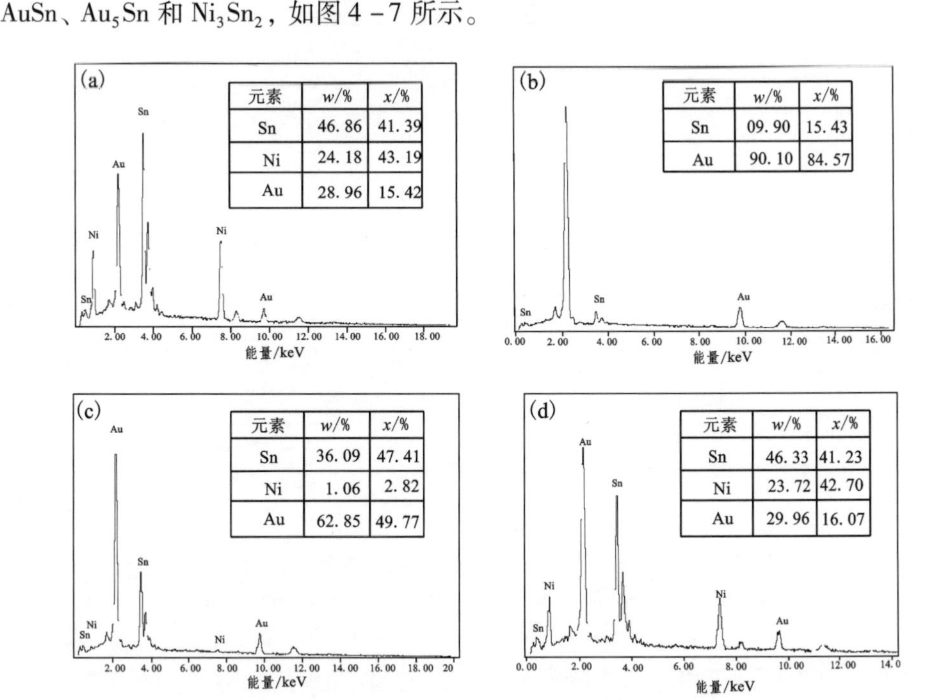

图 4－8　图 4－6 中 A、B、C、D 点的 EDS 分析图谱

(a) A 点；(b) B 点；(c) C 点；(d) D 点

Fig. 4－8 EDS analysis pattern of A、B、C、D points in Fig. 4－6 (a) point A; (b) point B; (c) point C; (d) point D

在钎焊过程中基体表面 Ni 原子往焊料中扩散，在靠近基体的焊料部分含有高浓度 Ni 原子。在冷却过程中，焊料中 Ni 的固溶度逐渐减小，当达到 Ni 饱和度时，IMC 层 Ni_3Sn_2 在界面处析出，并沿焊料/Ni 界面三维生长。在 Au－Sn－Ni 三元体系中，Ni－Sn 二元相 Ni_3Sn_2 的室温生成焓为 －31.3 kJ/mol [108]，比 Au－Sn 二元相 AuSn 的生成焓（－15.4 kJ/mol [109]）和 Au_5Sn 的生成焓（－5.8 kJ/mol [110]）小，在凝固过程中会优先析出 Ni_3Sn_2 相。从熵的概念理解，对于结构相同的

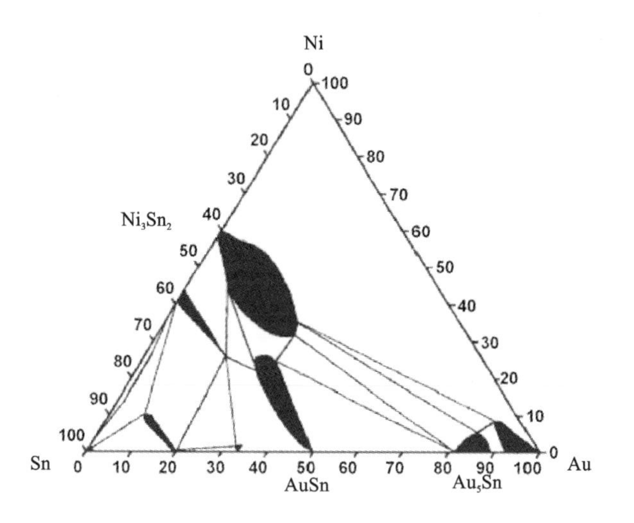

图 4-9　Au-Ni-Sn 三元体系 25℃室温等温截面[107]

Fig. 4-9 Isothermal section of Au-Ni-Sn at room temperature[107]

金属间化合物，三元化合物的吉布斯自由能比二元化合物低[12]，因此 Ni_3Sn_2 相固溶了少量 Au 形成$(Ni, Au)_3Sn_2$ 相，处于热力学平衡状态。

$(Ni, Au)_3Sn_2$ 相中 Sn 含量比 Au 含量高，随钎焊时间延长，$(Ni, Au)_3Sn_2$ 相的析出和长大会使钎焊成分偏离共晶成分，但是图 4-6(b)、(c)和(d)中焊料的共晶组织并未发生明显变化。为了研究发生这种现象的原因，本书对不同钎焊时间的焊点组织中$(Ni, Au)_3Sn_2$ 相的成分进行能谱分析，结果如表 4-1 所示。可见，随钎焊时间延长，$(Ni, Au)_3Sn_2$ 层中 Au 含量逐渐增大。焊料中 $\zeta(Au_5Sn)$ 相并未随钎焊时间延长而明显增多。表 4-1 所示数据为每个 IMC 层 5 个点的成分值的平均值，在 EDS 检测过程还发现，$(Ni, Au)_3Sn_2$ 靠近焊料侧 Au 含量较高，靠近 Ni 侧 Au 含量较低，这是由于$(Ni, Au)_3Sn_2$ 层中 Au 含量来自于焊料，在扩散层中形成随扩散层与钎料的距离增大而逐渐减少的 Au 的浓度梯度。

表 4-1　钎焊时间对 IMC 成分的影响

Tab. 4-1 Effects of reflow time on composite of the IMC layer

钎焊时间/min	IMC 层成分中各元素含量 x/%		
	Ni	Au	Sn
1	46.12	13.46	40.42
5	42.68	16.07	41.25
10	38.33	20.19	41.48
15	31.10	26.37	42.53

为了更加全面了解 AuSn20/Ni 界面 IMC 层的析出和生长行为，本书研究了冷却速度对焊点组织的影响。图 4 – 10 所示为 Ni/AuSn20/Ni 焊点在 310℃ 下钎焊不同时间后空冷样品的横截面 SEM 照片。从图 4 – 10(a)可见，钎焊 1 min 后焊料中形成粗细不等的两种共晶组织，AuSn20/Ni 界面形成较薄一层 IMC 层。当钎焊时间延长至 5 min 时，如图 4 – 10(b)所示，粗化的 δ(AuSn)相上析出细小的 $(Ni, Au)_3Sn_2$ 相，而且界面 IMC 层上方 $(Ni, Au)_3Sn_2$ 相以细长棒状往焊料内部延伸生长，而 IMC 层的厚度基本不变。随钎焊时间继续延长至 10 min 和 15 min，如图 4 – 10(c)和(d)所示，棒状 $(Ni, Au)_3Sn_2$ 相明显长大，界面 IMC 层厚度稍微增大，但是明显比水冷焊点的 IMC 层厚度薄。

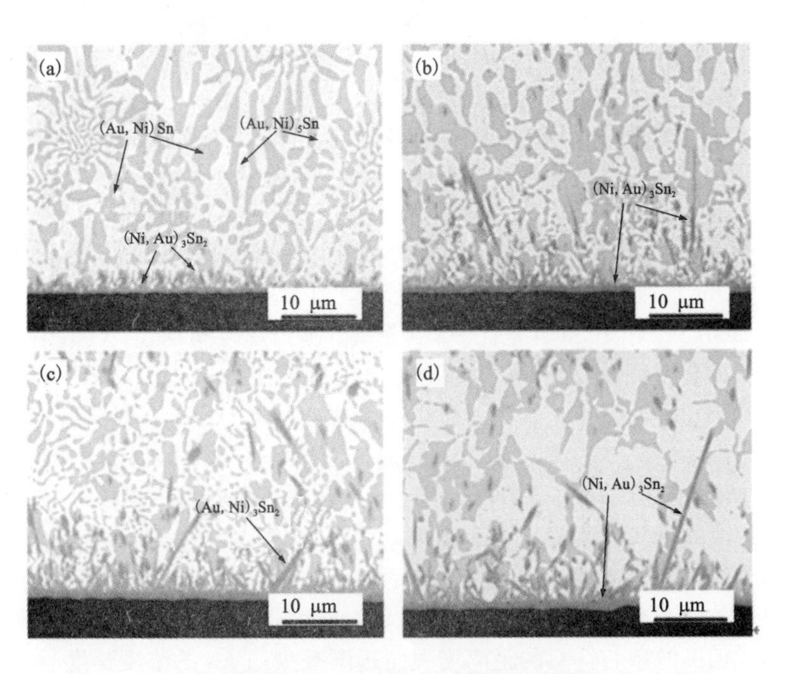

图 4 – 10　不同钎焊时间 AuSn20/Ni 空冷焊点横截面 SEM 照片

(a)1 min；(b)5 min；(c)10 min；(d)15 min

Fig. 4 – 10 SEM images of air – cooling AuSn20/Ni joints with different reflow time

(a)1 min；(b)5 min；(c)10 min；(d)15 min

对钎焊 1 min 焊点中粗化共晶组织的 ζ 和 δ 两相进行能谱分析可知，焊料中 ζ 和 δ 两相固溶了少量的 Ni，记为(Au，Ni)Sn 和 $(Au, Ni)_5Sn$。焊点在冷却过程中，Ni 过饱和的界面处优先形成 $(Ni, Au)_3Sn_2$ 层，由于空冷的冷却速度较慢，凝固过冷度较薄，凝固速度慢，因此，靠近焊料一侧的过饱和区中 Ni 原子往焊料内部扩散。ζ 和 δ 两相可以固溶不同含量的 Ni 原子，形成三元化合物 $(Au, Ni)_5Sn$

和(Au, Ni)Sn(图 4 -9)。随着钎焊时间延长，往焊料扩散的 Ni 含量增大。随钎焊时间延长，焊点凝固产生的棒状(Ni, Au)$_3$Sn$_2$ 相逐渐增大，界面的 IMC 层厚度也稍微增大。

图 4 -11 所示为 Ni/AuSn20/Ni 焊点在 310℃ 下不同时间钎焊的 SEM 照片。可见，炉冷的 AuSn20/Ni 焊点的组织与水冷、空冷的焊点组织相比发生很大变化。钎焊 1 min 后[图 4 -11(a)]，焊料中形成较粗大(Au, Ni)$_5$Sn 和(Au, Ni)Sn 相，焊料/Ni 界面形成较厚一层 IMC 层，焊点组织中弥散分布的(Ni, Au)$_3$Sn$_2$ 相也明显增大。随着钎焊时间从 5 min 延长至 15 min[图 4 -11(b)、(c)和(d)]，焊料中的共晶组织全部转变成为(Au, Ni)$_5$Sn 相，界面的 IMC 层厚度和棒状(Ni, Au)$_3$Sn$_2$ 相都明显增大。

图 4 -11　不同钎焊时间 Ni/AuSn20/Ni 炉冷焊点 SEM 照片

(a)1 min; (b)5 min; (c)10 min; (d)15 min

Fig. 4 -11 SEM images of furnace - cooling Ni/AuSn20/Ni joints with different reflow time

(a)1 min; (b)5 min; (c)10 min; (d)15 min

由于炉冷过程冷却速度很慢，凝固析出(Ni, Au)$_3$Sn$_2$ 相的同时 Ni 原子也在不断往焊料内部扩散，形成粗化的(Au, Ni)$_5$Sn 和(Au, Ni)Sn 相。除了钎焊时扩散的 Ni 原子以外，镀层的 Ni 原子在凝固过程中还继续穿过(Ni, Au)$_3$Sn$_2$ 层往焊料扩散，与焊料反应形成(Ni, Au)$_3$Sn$_2$ 相，使 IMC 层不断长大。因为在室温下

δ(AuSn)相可以固溶体积分数为27%的 Ni，而 ζ(Au_5Sn)则只可以固溶摩尔分数为5%的 Ni[52, 111]，所以 Ni 原子往焊料中扩散时优先与 δ(AuSn)反应形成(Au，Ni)Sn，而(Au，Ni)Sn 中 Ni 达到饱和后则析出$(Ni, Au)_3Sn_2$相。$(Ni, Au)_3Sn_2$相的不断析出，消耗了焊料中(Au，Ni)Sn 相，使焊料组织中(Au，Ni)Sn 相减少，而$(Au, Ni)_5Sn$相则增多[图 4－11(a)]。当钎焊时间延长至 5 min、10 min 和15 min时，界面 IMC 层厚度明显增大，焊料中的(Au，Ni)Sn 相被完全消耗，焊料组织转变成为$(Au, Ni)_5Sn$相。在钎焊 15 min 的焊点中，棒状$(Ni, Au)_3Sn_2$相异常长大[图 4－11(d)]。

由焊点组织的演变规律可知，焊点的组织演变在钎焊过程中大致可以分为三个阶段：第一阶段是焊料熔化和镀层 Ni 溶解到焊料中，焊点冷却凝固过程中焊料的 Ni 局部饱和，金属间化合物开始形核析出并长大[99]；第二阶段是 Ni 原子在凝固过程中继续往焊料内部扩散，与 δ(AuSn)和 ζ(Au_5Sn)发生反应产生粗化的(Au，Ni)Sn 和$(Au, Ni)_5Sn$相；第三阶段是 Ni 与(Au，Ni)Sn 相反应形成$(Au, Ni)_3Sn_2$相，继续使焊料的共晶组织转变成为单一的$(Au, Ni)_5Sn$。

图 4－6、图 4－10 和图 4－11 显示采用不同的钎焊工艺制备的 AuSn20/Ni 焊点的组织都经历了第一阶段，只是随钎焊时间延长，溶解到焊料中的 Ni 含量逐渐增大，在凝固时金属间化合物的析出量逐渐增多，扩散层厚度和棒状化合物的长度逐渐增大。钎焊后水冷至室温的焊点，由于冷却速度很快，Ni 原子来不及扩散，因此焊点组织只停留在第一阶段，共晶组织细小均匀(图 4－6)。图 4－12 所示为 Au－Ni－Sn 三元体系的 400℃ 等温截面[117]。可见，Au－Sn 焊料共晶相区边界线直接指向Ni_3Sn_2相区，表明$(Ni, Au)_3Sn_2$相直接从液相析出。

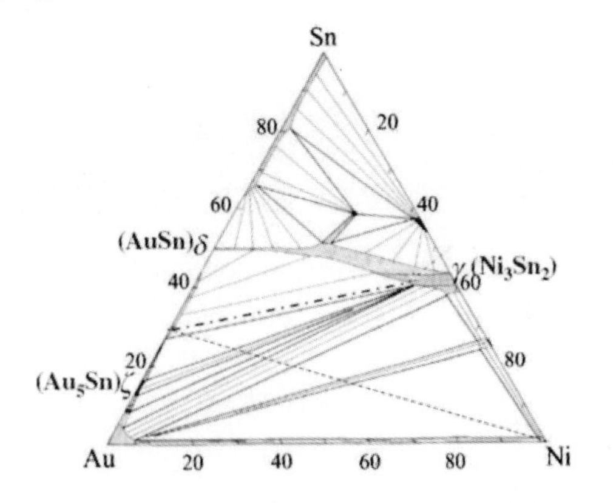

图 4－12　Au－Ni－Sn 三元体系 400℃等温截面[117]

Fig. 4－12 Isothermal section of Au－Ni－Sn ternary system at 400℃[117]

钎焊后空冷的焊点，冷却速度相对缓慢，凝固时有部分 Ni 原子发生扩散，组织演变经历第一和第二阶段，焊点组织形成粗化的(Au, Ni)Sn 和(Au, Ni)$_5$Sn 相，如图4－10所示。钎焊后炉冷的焊点，凝固的冷却速度很慢，在凝固析出金属间化合物后，Ni 往焊料中继续扩散形成(Au, Ni)Sn 和(Au, Ni)$_5$Sn 相。由于(Au, Ni)Sn 相的嗜 Ni 性比(Au, Ni)$_5$Sn 相强[112]，因此，继续扩散的 Ni 优先与(Au, Ni)Sn 相反应，使焊料中(Au, Ni)Sn 相逐渐减少，最终焊料组织转变成为单一的(Au, Ni)$_5$Sn 相，而界面反应产生的金属间化合物异常长大(图4－11)，焊点组织演变经历了完整的三个阶段。

4.4.2　AuSn20/Ni 焊点的剪切性能与断口形貌

图4－13所示为在310℃下采用不同钎焊工艺制备的 Ni/AuSn20/Ni 焊点的剪切强度。可见，钎焊1 min 的焊点具有最高的剪切强度。随钎焊时间延长，钎焊后水冷、空冷、炉冷焊点的剪切强度都逐渐降低，且水冷和炉冷的接头剪切强度下降速度比空冷焊点剪切强度的下降速度大。

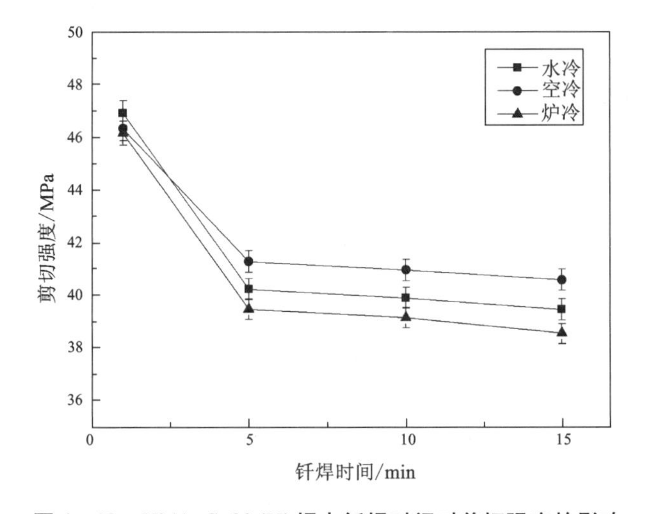

图4－13　Ni/AuSn20/Ni 焊点钎焊时间对剪切强度的影响

Fig. 4－13 Effects of the reflow time on shear strength of Ni/AuSn20/Ni joints

钎焊时间不同使 AuSn20/Ni 界面处 IMC 层的生长情况也各不相同，导致焊点剪切性能的差异。随钎焊时间的延长，焊点界面 IMC 层的厚度增加，焊点的剪切强度表现逐渐减小的趋势。这表明焊点的剪切强度随焊料/Ni 界面 IMC 层厚度的增加而降低。Shin 等[113]研究了纯 Sn 和 Sn－Cu 合金在 Cu 上组成的 BGA 焊点在270℃下焊接不同时间后剪切强度的变化，其结果表明，IMC 层厚度为一临界值时，焊点的剪切强度最大。对于 Shin 所研究纯 Sn 和 Sn－Cu 焊点，IMC 层的临界厚度均为0.2 μm，但是各焊点出现临界 IMC 层厚度的焊接时间不同，纯 Sn 焊点出现 IMC 层临界厚度的钎焊时间为60 s，而 Sn – Cu 焊点出现 IMC 层临界厚度的钎焊时间为 15 s。他们认为最大剪切强度对应的 IMC 层临界厚度与焊点的断裂模式密切相关。当 IMC 层厚度薄于临界厚度时，剪切疲劳发生在焊料内部，随钎焊时间延长，剪切强度随焊点中 IMC 层相的增多而增大，但是当 IMC 层厚度超过临界厚度时，剪切实验观察到在 IMC 层中发生脆性断裂，剪切强度随钎焊时间延长反而降低。

图 4 – 14 为 Ni/AuSn20/Ni 焊点钎焊后水冷焊点的剪切断口形貌。可见，Ni/AuSn20/Ni 焊点的剪切断裂是脆性断裂，断口形貌上没有明显的韧窝，而且剪切断裂出现在 AuSn20/IMC 界面处。显然，AuSn20/Ni 焊点的断裂模式与 Shin 等[113]研究的 Sn 和 Sn – Cu 焊点的剪切断裂模式不相同，因为焊点的剪切断裂既没有发生在钎焊内部也没有完全发生在 IMC 层，而是脆断在焊料/IMC 层面。

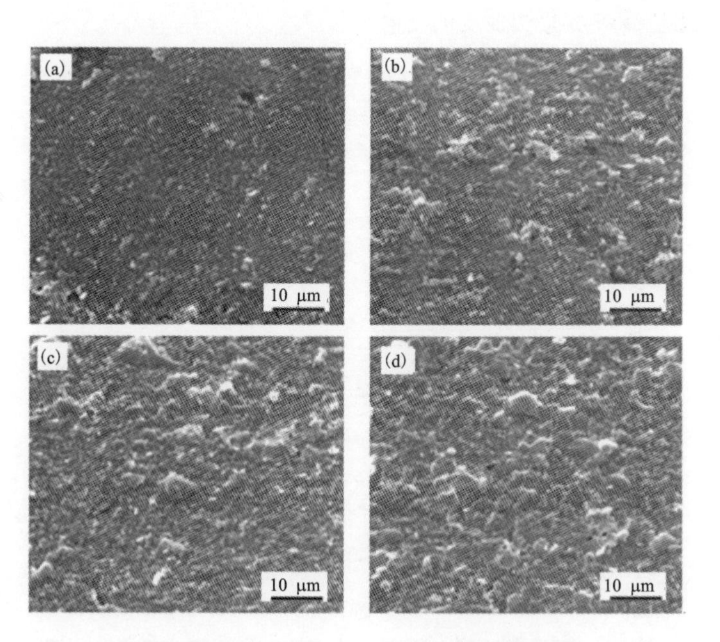

图 4 – 14　不同钎焊时间 Ni/AuSn/Ni 水冷焊点剪切断口形貌的 SEM 照片

(a)1 min；(b)5 min；(c)10 min；(d)15 min

Fig. 4 – 14 SEM images with different reflow time on the fracture surface of the Au20Sn/Ni joints

(a)1 min；(b)5 min；(c)10 min；(d)15 min

当钎焊时间为 1 min 时，焊料与基体表面镀层润湿良好，界面处 $(Ni, Au)_3Sn_2$ 形成连续层，界面结合良好，且 $(Ni, Au)_3Sn_2$ 未充分长大，其颗粒尺寸较小，$(Ni, Au)_3Sn_2$ 层的厚度较薄且均匀[图4 – 3(a)]。因此焊点抗剪强度较高，剪切断口形貌上呈现出断裂后的(Ni, Au)$_3$Sn$_2$ 小尺寸颗粒[图4-14(a)]。当钎焊时间延长至5 min时，由于(Ni, Au)$_3$Sn$_2$ 层和针状(Ni, Au)$_3$Sn$_2$ 化合物的长大，导致界面处IMC层厚度不均匀。(Ni, Au)$_3$Sn$_2$ 界面层比较粗糙，呈锯齿状嵌入焊料内部[图4-14(b)]，在剪切过程中成为裂纹源，使得焊点的剪切强度反而降低。断口形貌中断裂的(Ni, Au)$_3$Sn$_2$ 粗颗粒较多，但是分布不均匀[图4-14(b)]。钎焊时间为10 min和15 min的焊点的断口形貌与钎焊5 min焊点的断口形貌较相似，不同的是(Ni, Au)$_3$Sn$_2$ 颗粒更加粗大，分布更加不均匀[图4-14(c)和(d)]，该结果与显微组织的研究结果一致。粗大的(Ni, Au)$_3$Sn$_2$ 颗粒是剪切断裂的裂纹源，因此焊点的剪切强度下降更加显著。由此可以得知，Ni/AuSn20/Ni的钎焊焊点剪切强度与(Ni, Au)$_3$Sn$_2$ 相的尺寸有关，而且断裂模式基本是沿柱状或棒状的(Ni, Au)$_3$Sn$_2$ 相晶界脆性断裂。

从图4-6、图4-10和图4-11中可以看出，在水冷、空冷和炉冷的焊点中，空冷焊点的(Ni, Au)$_3$Sn$_2$ 相横向生长最慢，炉冷焊点的(Ni, Au)$_3$Sn$_2$ 横向和纵向生长都是最快的，因此空冷焊点的剪切强度下降最慢，而炉冷焊点的剪切强度下降最快。水冷焊点和炉冷焊点的剪切断口形貌与空冷焊点的剪切断口形貌基本相同，主要差异就是断口上的接点尺寸不同，焊点的断裂机理基本相同，在此不再做详细分析。

4.5　老化退火对AuSn20/Ni焊点组织与性能的影响

4.5.1　老化退火对AuSn20/Ni焊点组织的影响

图4-15所示为采用Ni镀层厚度为11 μm的镀镍Cu基板搭建的AuSn20/Ni焊点钎焊1 min后空冷，然后在120℃退火不同时间的显微组织。可见，与未退火的焊点相比，焊料的细小共晶组织消失，形成粗大的(Au, Ni)Sn和ζ(Ni)，在焊料/Ni界面处形成由(Au, Ni)Sn和(Ni, Au)$_3$Sn$_2$ 组成的IMC复合层，而且退火时间从24 h延长至500 h，焊点的显微组织变化较小。本研究结果与Yoon等[114]的研究结果一致。在120℃下退火时，Ni往焊料中扩散，使焊料成分偏离了共晶成分而进入ζ相区，共晶组织消失。120℃时Ni往焊料扩散的速度较慢，Ni原子在焊料中分布较均匀，焊料内部难以产生局部Ni饱和，只有在靠近Ni侧的界面有少量(Ni, Au)$_3$Sn$_2$ 相析出。IMC层增长较缓慢，退火时间延长至500 h，IMC层厚度较薄而且平整，焊点与基体的界面结合良好。由图4-15可见，(Ni, Au)$_3$Sn$_2$ 相总是连着(Au, Ni)Sn相，且随退火时间延长，焊料中的(Au, Ni)Sn相逐渐减少，ζ相增大[图4-15(d)]。这是因为(Ni, Au)$_3$Sn$_2$ 相的析出消耗焊料中的(Au, Ni)Sn相，导致焊料内部ζ相增大。

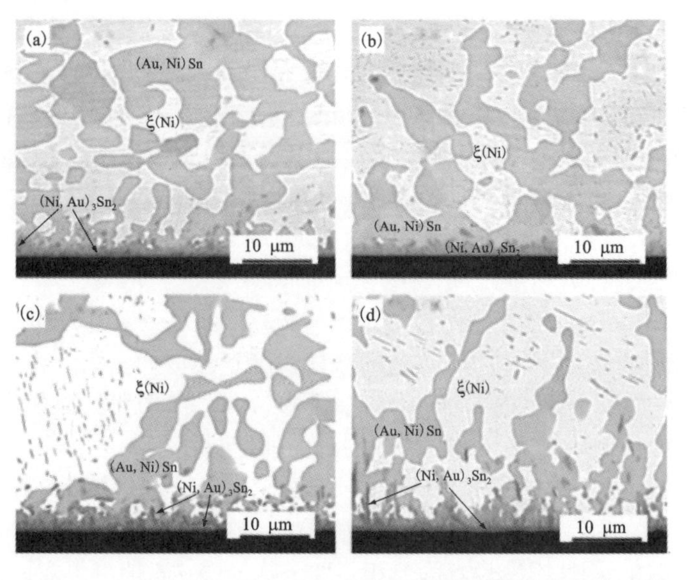

图 4 – 15　AuSn20/Ni 焊点在 120℃老化退火不同时间的显微组织

(a)24 h；(b)100 h；(c)300 h；(d)500 h

Fig. 4 – 15 Microstructure of AuSn20/Ni joints aging at 120℃ for various times

(a)24 h；(b)100 h；(c)300 h；(d)500 h

图 4 – 16 是钎焊 1 min 后空冷的 AuSn20/Ni 焊点在 120℃老化退火 24 h 和 500 h 后其 IMC 晶粒的形貌。可见，在 120℃退火 24 h 后，IMC 是较细小的多面体等轴状颗粒[图 4 – 16(a)]。当退火时间延长至 500 h 时，部分等轴状颗粒互相黏结，IMC 团聚增长，但是大部分颗粒保持多面体等轴状形貌[图 4 – 16(b)]。

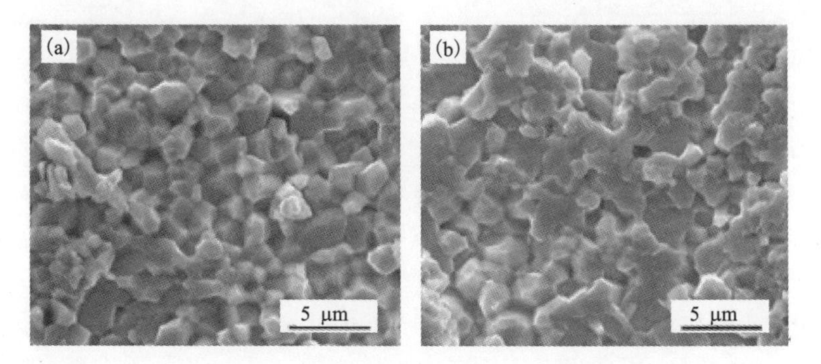

图 4 – 16　Ni/AuSn20/Ni 焊点在 120℃退火不同时间后 IMC 的形貌

(a)24 h；(b)500 h

Fig. 4 – 16 Top – view morphology of IMCs at Ni/AuSn20/Ni joints aged at 120℃ for

(a)24 h；(b)500 h

图4－17所示为钎焊1 min后空冷的AuSn20/Ni焊点在160℃老化退火不同时间的显微组织图。与120℃相比，焊点的组织变化较大。在160℃退火24 h后，焊料/Ni界面形成(Au，Ni)Sn和(Ni，Au)$_3$Sn$_2$的复合IMC层[图4－17(a)]。随着退火时间延长，界面IMC层的厚度逐渐增大，而δ－AuSn相逐渐减少，焊料中固溶了少量Ni的ζ－Au$_5$Sn相(记为ζ(Ni))逐渐增多[图4－17(b)]。当退火时间延长至300 h时，δ－AuSn相全部往界面迁移，在(Ni，Au)$_3$Sn$_2$层的上方形成连续的(Au，Ni)Sn层[图4－14(c)]。当退火时间达500 h后，焊料内部基本是ζ(Ni)固溶体，(Ni，Au)$_3$Sn$_2$层上方的(Au，Ni)Sn层厚度减小[图4－17(d)]。在160℃下退火，基体表面Ni的扩散速度加快，加速了焊点的界面反应，界面(Ni，Au)$_3$Sn$_2$层的厚度随退火时间的延长有较大幅度的增大。由于(Ni，Au)$_3$Sn$_2$层的增长消耗了焊料中的(Au，Ni)Sn，而(Au，Ni)Sn是由δ－AuSn形成的，当焊料中δ－AuSn相消耗完全后，(Au，Ni)Sn层的厚度不再随退火时间的延长而增大，而Cu基体表面的Ni却持续穿过(Ni，Au)$_3$Sn$_2$层往焊料中扩散，在(Ni，Au)$_3$Sn$_2$/(Au，Ni)Sn界面处的Ni原子与(Au，Ni)Sn反应不断生成(Ni，Au)$_3$Sn$_2$相[5]。因此，(Au，Ni)Sn层的厚度逐渐减小，而(Ni，Au)$_3$Sn$_2$层厚度增大。

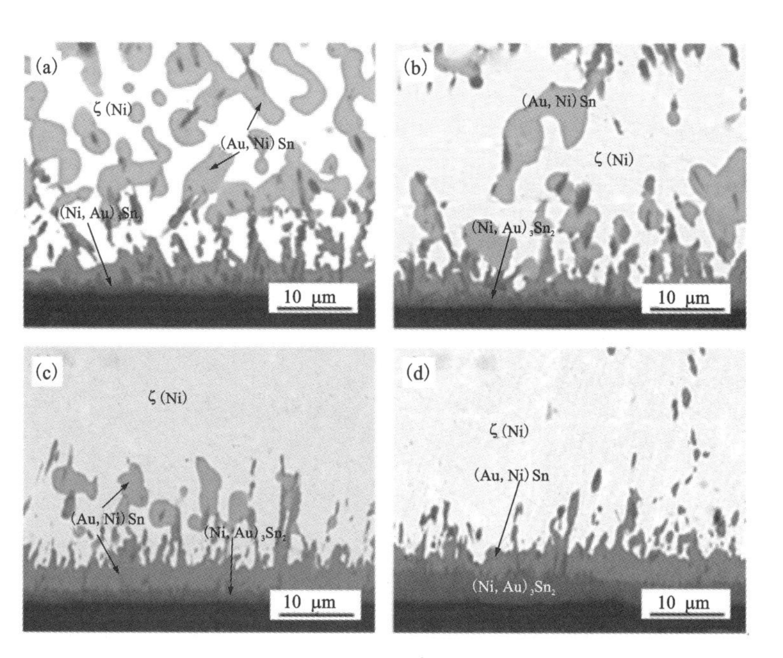

图4－17　AuSn20/Ni焊点在160℃老化退火不同时间的显微组织

(a) 24 h；(b) 100 h；(c)300 h；(d) 500 h

Fig. 4－17 Microstructures of AuSn20/Ni joints aging at 160℃ for various times

(a) 24 h；(b) 100 h；(c)300 h；(d) 500 h

图 4－18 所示为 AuSn20/Ni 焊点在 160℃退火 24 h 和 500 h 后 IMC 的形貌。与 120℃退火焊点相比，在 160℃老化退火时界面 IMC 颗粒长大的速度明显增大。在 160℃退火 24 h 后，IMC 颗粒形貌如图 4－18(a)所示，部分 IMC 颗粒团聚长大成为较粗的短棒状。退火时间延长至500 h时，IMC 颗粒三维生长，晶粒明显增大[图 4－18(b)]。

图 4－18　AuSn20/Ni 焊点在 160℃退火不同时间后 IMC 的形貌

(a)24 h; (b)500 h

Fig. 4－18 Top－view morphologies of IMCs at Ni/AuSn20/Ni joints aged at 160℃ for

图 4－19 所示为 AuSn20/Ni 焊点在 200℃退火不同时间后的显微组织。在 200℃退火 24 h 后，钎焊形成的共晶组织明显粗化，$\zeta - Au_5Sn$ 和 δ－AuSn 相转变成为 $\zeta - Au_5Sn$ 和 δ－AuSn 相[图 4－19(a)]。Au 和 Ni 具有相同的面心立方结构，Au－Ni－Sn 体系中的二元化合物，如 AuSn、Au_5Sn 和 Ni_3Sn_2 等，对另一种元素都有很高的固溶度。从 Au－Ni－Sn 的等温截面(图 4－9)可以看出，在室温下 AuSn 相可以固溶摩尔分数为 27%的 Ni，而 Au_5Sn 可以固溶摩尔分数为 5%的 Ni。在 200℃退火时，基体表面 Ni 原子往焊料扩散形成三元化合物$(Au, Ni)_5Sn$ 和(Au, Ni)Sn，使共晶组织粗化。Au－Ni－Sn 体系中吸收第三元素的扩散机制在$(Ni, Au)_3Sn_2$ 和$(Au, Ni)Sn_4$ 中也是常见的，而且已通过实验证实[111, 115]。

从图 4－19(a)中还可以看出，在焊料/Ni 界面处形成了复合 IMC 层。靠近基体表面的 IMC 层是$(Ni, Au)_3Sn_2$ 层，而靠近焊料一侧的是(Au, Ni)Sn 层。这个结果更好地表明$(Ni, Au)_3Sn_2$ 是 Ni 和(Au, Ni)Sn 的反应产物。在退火过程中，镀层中 Ni 原子穿过 IMC 层往焊料中扩散，与(Au, Ni)Sn 反应形成$(Ni, Au)_3Sn_2$ IMC 层，焊料中的(Au, Ni)Sn 不断往焊料/Ni 界面迁移，在$(Ni, Au)_3Sn_2$ 层上方形成连续的(Au, Ni)Sn 层。

从图 4－19 可以看出，随着退火时间延长，$(Ni, Au)_3Sn_2$ 层的厚度逐渐增大。$(Ni, Au)_3Sn_2$ 析出消耗焊料中(Au, Ni)Sn 相，焊料中(Au, Ni)Sn 逐渐减

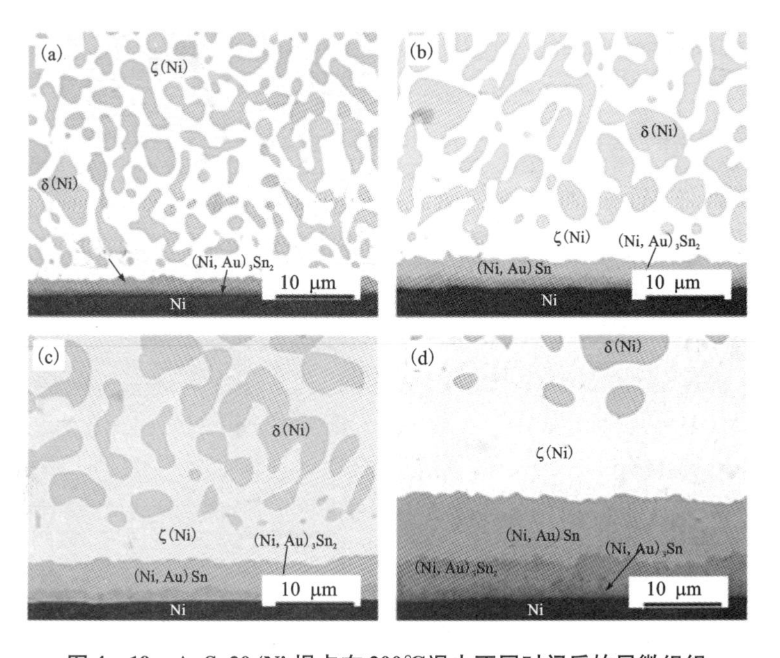

图4－19　AuSn20/Ni焊点在200℃退火不同时间后的显微组织

(a)24 h; (b) 100 h; (c) 300 h; (d) 500 h

Fig. 4－19 Microstructures of AuSn20/Ni joints aged at 200℃

(a)24 h; (b) 100 h; (c) 300 h; (d) 500 h

少。但是(Ni, Au)$_3$Sn$_2$ 层上方的(Au, Ni)Sn 还是随退火时间延长而逐渐增大。这可能是因为随着(Ni, Au)$_3$Sn$_2$ 层的厚度逐渐增大，Ni 原子的扩散受阻使(Ni, Au)$_3$Sn$_2$/(Au, Ni)Sn 界面处的反应速度减小，堆积的(Au, Ni)Sn 增多，导致(Au, Ni)Sn 层厚度增大。

当退火时间延长至500 h时，在(Ni, Au)$_3$Sn$_2$ 层与Ni镀层之间产生新的扩散层[图4－19(d)]。EDS能谱分析显示该扩散层的成分为12.11% Au－51.15% Ni－36.74% Sn（摩尔分数），Au－Ni－Sn三元相图预测的稳定相中没有这个成分的化合物。Song等[52]总结的Au－Ni－Sn三元体系200℃等温截面中稳定相组成随成分变化的情况。当Au－Sn焊料中固溶的Ni摩尔分数为10%时，体系稳定相组成为ζ＋δ(Ni)＋Ni$_3$Sn$_2$(Au)；当Ni的摩尔分数达到20%时，体系稳定相组成为ζ(Ni)＋Ni$_3$Sn$_2$(Au)；当Ni的摩尔分数超过35%时，体系稳定相组成转变为(Au, Ni)Sn＋Ni$_3$Sn$_2$(Au)＋Ni$_3$Sn(Au)。由此可以推测，在200℃退火1000 h后产生的新化合物是(Ni, Au)$_3$Sn相。Kim等[116]也证实，在400℃钎焊时，在(Ni, Au)$_3$Sn$_2$ 与Ni的界面处有(Ni, Au)$_3$Sn层产生。从Au－Ni－Sn体系400℃的等温截面[117]可知，Au－Sn 焊料共晶相区边界线直接指向 Ni_3Sn_2 相区，而 Ni_3Sn 相区在 Ni_3Sn_2 相区和 Ni 之间。因此，$(Ni, Au)_3Sn_2$ 相在凝固过程中直接从液相析出，$(Ni, Au)_3Sn$ 则是 $(Ni, Au)_3Sn_2$ 与 Ni 在退火过程的反应产物。能谱分析的扩散层成分与 $(Ni, Au)_3Sn$ 的成分存在较大偏差，产生这种差异的原因与 $(Ni, Au)_3Sn$ 的生长行为有关。在 200℃退火时，IMC 层的生长机制中有晶界扩散的成分[118]，也就是 $(Ni, Au)_3Sn$ 相沿 $(Ni, Au)_3Sn_2$ 层的晶界生长，所以并未形成严格的层状化合物[图 4－19(d)]，而是以芽状往 $(Ni, Au)_3Sn_2$ 层内部延伸。SEM 观察到的扩散层应该是 $(Ni, Au)_3Sn$ 和 $(Ni, Au)_3Sn_2$ 的复合 IMC 层，导致 EDS 分析得到的 Sn 含量介于 $(Ni, Au)_3Sn$ 和 $(Ni, Au)_3Sn_2$ 之间。

图 4－20 所示为 AuSn20/Ni 焊点在 200℃退火 24 h 和 500 h 后 IMC 的形貌。退火 24 h 后[图 4－20(a)]，IMC 的晶粒与低温退火时的形貌相比有黏结团聚的趋势，颗粒的棱角相对比较模糊。随退火时间延长至 500 h[图 4－20(b)]，IMC 颗粒明显长大。从 IMC 颗粒尺寸和形状的变化可以判断，晶粒长大机制为团聚生长，即大颗粒吞并周围小颗粒继而三维生长成为更大颗粒。

图 4－20　AuSn20/Ni 焊点在 200℃退火不同时间 IMC 的形貌

(a)24 h；(b)500 h

Fig. 4－20 Top－view morphologies of IMCs at Ni/AuSn20/Ni joints aged at 200℃

(a)24 h；(b)500 h

综上所述，AuSn20/Ni 焊点从钎焊到老化退火的组织可归纳总结为三个阶段，其演变示意图如图 4－21 所示。第一阶段的主要特征是焊料的细小共晶组织和弥散分布的六面体 $(Ni, Au)_3Sn_2$ 相[图 4－21(a)]；第二阶段是共晶组织粗化，即 (Au, Ni)Sn、$(Au, Ni)_5Sn$ 等三元化合物形成，胞状 $(Ni, Au)_3Sn_2$ 相从界面往焊料生长[图 4－21(b)]；第三阶段是 $(Ni, Au)_3Sn_2$ 层的长大和 $(Ni, Au)_3Sn$ 相的形成[图 4－21(c)]。三个阶段之间没有明显的界限，且随退火时间延长和退火温度升高逐渐演变，相长大和 IMC 层厚度的生长与退火时间和退火温度之间的量化还需进一步研究。

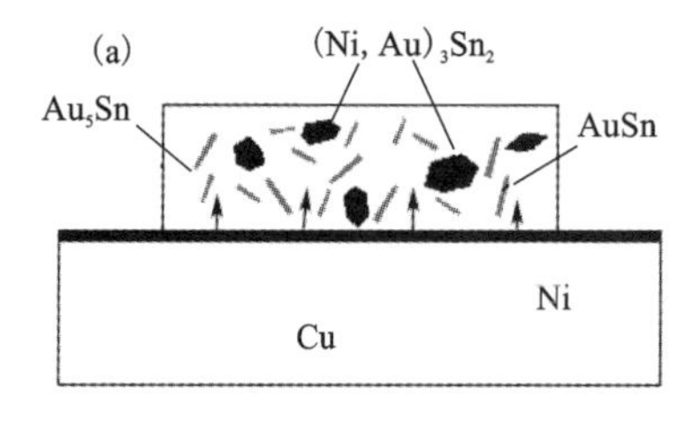

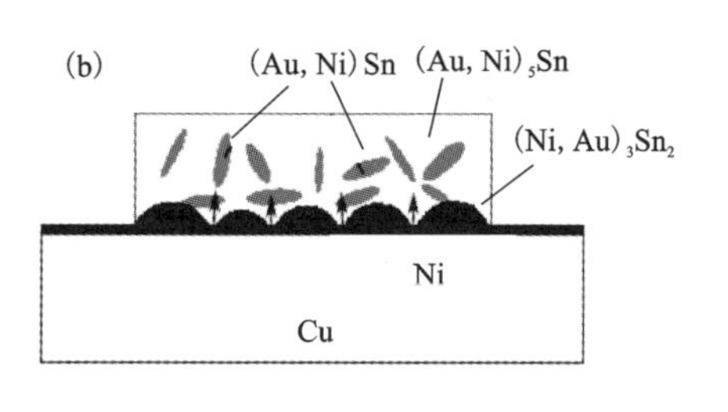

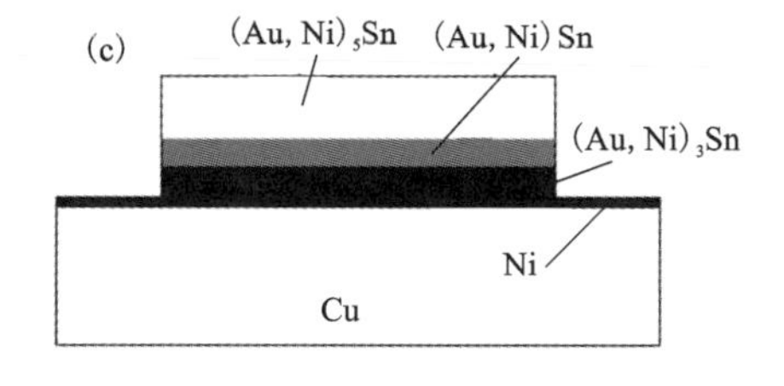

图 4-21　AuSn20/Ni 焊点的组织演变示意图

Fig. 4-21 Schematic of the microstructural evolution of the Ni/AuSn20/Ni joints

4.5.2　Ni 镀层的厚度对界面 IMC 层的影响

在 AuSn20 焊料的实际应用中，对焊的 Cu 基体表面的镀层通常由于产品尺寸的要求而无法达到 10 μm，而且镀层的厚度过大也会使产品的表面质量下降，因此，Cu 基体表面的 Ni 镀层经常只能小于 5 μm。焊点在钎焊和服役过程中，界面 IMC 层的形成和生长都要消耗基体表面的 Ni 镀层，Ni 镀层的厚度发生变化对焊点界面组织和力学性能都会产生影响。

当 Cu 基体表面的 Ni 镀层厚度为 3 μm 时，AuSn20/Ni 焊点在 200℃退火不同时间后焊料/Ni 界面的 IMC 层形貌如图 4-22 所示。在 200℃退火 300 h，3 μm厚的 Ni 镀层反应完全，在 Ni-Sn 化合物层与 Cu 基体之间形成了 Cu-Sn 化合物层，而且 Cu-Sn 化合物层的厚度很不均匀，与 Cu 基体的界面处呈现锯齿状[图 4-22(a)]。随退火时间延长至 500 h，Cu-Sn 化合物层的厚度逐渐长大[图 4-22(b)]，而且在 Ni-Sn 化合物层与 Cu-Sn 化合物层之间形成柯肯达尔孔洞，沿 Ni-Sn 化合物层界面分布。当退火时间延长至 1000 h 时，Cu-Sn 化合物层的厚度迅速长大，Ni-Sn 化合物层的厚度反而减小，而且 Cu-Sn 化合物层的底部出现新的 IMC 层，柯肯达尔孔洞的尺寸也明显增大[图 4-22(c)]。

对图 4-22 中的 A、B、C、D 和 E 点进行 EDS 能谱分析，结果如图 4-23 所示。当退火时间为 300 h 时，基体表面 Ni 镀层反应完全，Cu 往 IMC 层扩散形成 (Au, Ni, Cu)Sn 和 $(Ni, Au, Cu)_3Sn_2$ 四元化合物层[图 4-23(a)和(b)]。

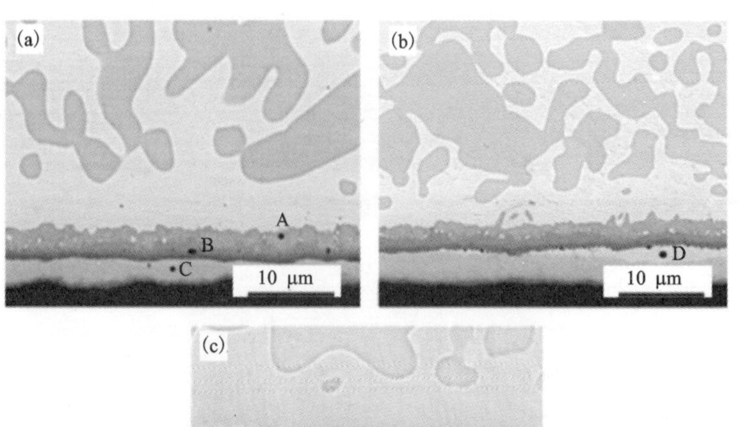

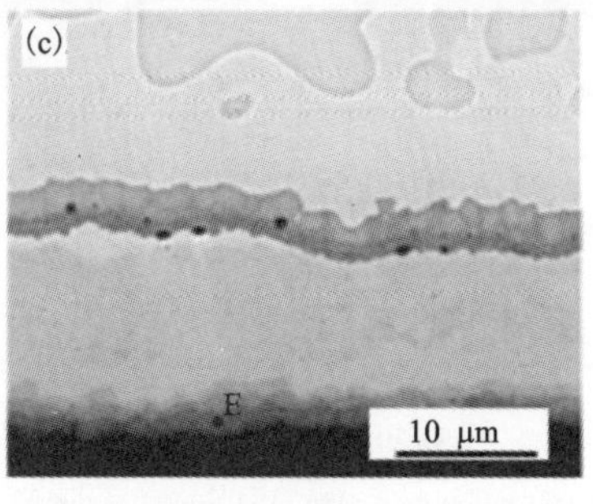

图 4－22　Ni 镀层为 3 μm 时 AuSn20/Ni 焊点在 200℃退火不同时间 IMC 层的形貌

(a)300 h；(b)500 h；(c)1000 h

Fig. 4－22 Morphology of IMC layer of AuSn20/Ni joints aged at 200℃ for various times with 3 μm Ni－metallized

(a)300 h；(b)500 h；(c)1000 h

图 4－23(c)显示(Ni，Au，Cu)$_3$Sn$_2$ 与 Cu 基体之间的化合物层为 AuCu 层。随退火时间延长，AuCu 层的厚度逐渐增大，在(Ni，Au，Cu)$_3$Sn$_2$ 层和 AuCu 层之间产生一个衬度较浅的化合物层，成分组织如图 4－23(d)所示，是 Au、Cu 含量较高的四元组成物，从相图中未能找到与其成分配比相符的化合物。当退火时间延长至 1000 h 时，AuCu 层的厚度增大显著，而且在 AuCu/Cu 界面处形成 AuCu$_3$ 化合物层，其成分组成如图 4－23(e)所示。

当基体表面的 Ni 镀层反应完全后，焊料与 Cu 基体反应形成 AuCu 层，从组织上并未看到 Cu－Sn 化合物的产生，这与常用的 Sn 基无铅焊料与 Cu 基体的界面反应不同[119－122]。因为 Sn 基焊料中有足量的 Sn 能够与基体 Cu 发生反应形成 Cu－Sn 化合物，而 AuSn20 焊料中的 Sn 含量只有 Au 含量的四分之一，Au 和 Sn 的浓度差异较大，所以焊料的 Au 快速扩散穿过(Ni，Au)$_3$Sn$_2$ 层与 Cu 发生反应形成 AuCu 层。当退火时间延长至 300 h 时，AuCu 层的厚度明显比(Ni，Au，Cu)$_3$Sn$_2$ 层的厚度大，Cu 原子穿过 AuCu 层到达(Ni，Au，Cu)$_3$Sn$_2$/AuCu 界面才能参与反应，而 Au 扩散到(Ni，Au，Cu)$_3$Sn$_2$ 层的速度较快。因此在 Au 与 Cu 的

(a) A点

元素	w/%	x/%
Sn	40.16	45.24
Ni	7.60	17.32
Cu	1.39	2.92
Au	50.85	34.52

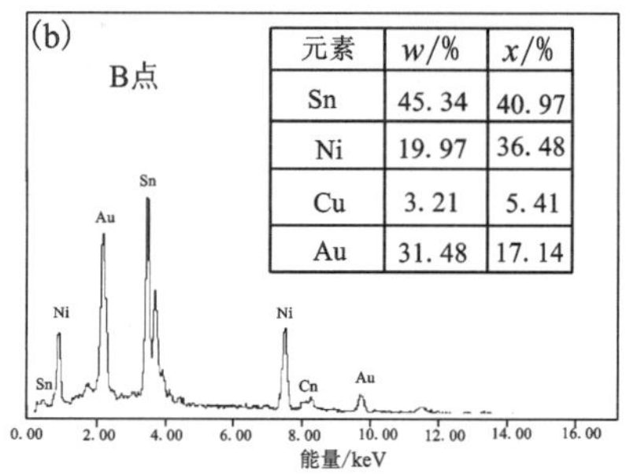
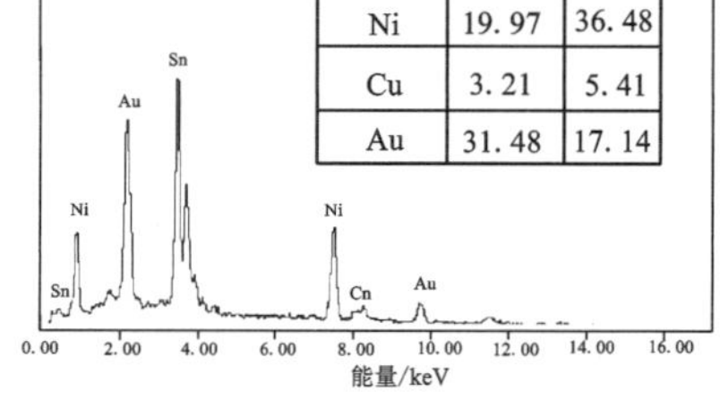

元素	w/%	x/%
Sn	45.34	40.97
Ni	19.97	36.48
Cu	3.21	5.41
Au	31.48	17.14

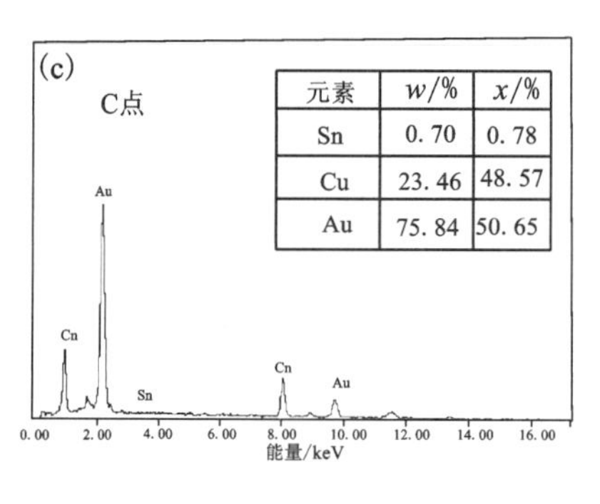

元素	w/%	x/%
Sn	0.70	0.78
Cu	23.46	48.57
Au	75.84	50.65

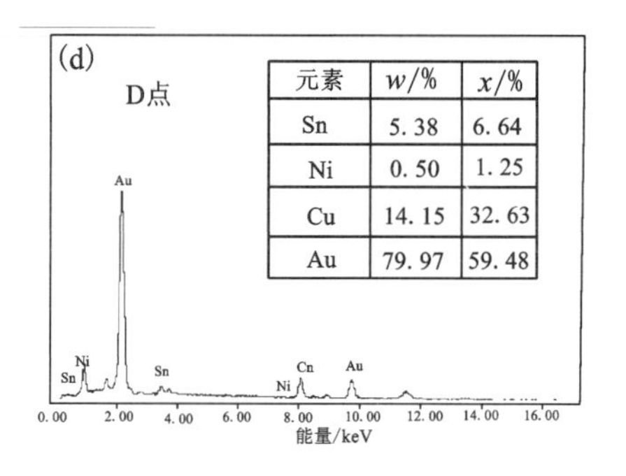

元素	w/%	x/%
Sn	5.38	6.64
Ni	0.50	1.25
Cu	14.15	32.63
Au	79.97	59.48

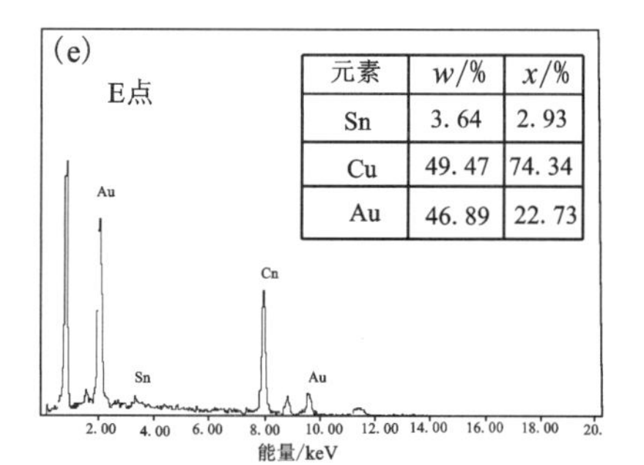

元素	w/%	x/%
Sn	3.64	2.93
Cu	49.47	74.34
Au	46.89	22.73

图 4－23　图 4－22 中的 A、B、C、D 和 E 点的 EDS 能谱分析图

Fig. 4－23 EDS pattern of the A、B、C、D and E points in Fig. 4－22

互扩散中形成较大的扩散速率差，在(Ni, Au, Cu)$_3$Sn$_2$/AuCu 界面处产生多余的 Au 原子，形成图 4－22(b)所示的富 Au 物质层，而且在富 Au 物质层的上表面形成柯肯达尔孔洞。

当退火时间继续延长，AuCu 层厚度不断增大，Cu 扩散到(Ni, Au, Cu)$_3$Sn$_2$/AuCu 界面的难度增大。当界面堆积的 Au 原子达到一定浓度时，Au 会穿过 AuCu 层到下界面与基体 Cu 继续反应，形成富 Cu 的 AuCu$_3$ 层。富 Au 层上界面的柯肯达尔孔洞逐渐团聚长大成为大孔洞[图 4－22(c)]。

对比图 4-19 和图 4-22 可知，Cu 与焊料的界面反应速度比 Ni 快得多。一般的电子封装中 Cu 基体表面的 Ni 镀层对 Cu 的扩散是抑制作用，一旦 Ni 镀层反应完全，Cu 的化合物层迅速长大。那么对于厚度为几个微米的基板来说，Cu 的快速扩散很容易使焊点失效。此外，柯肯达尔孔洞的产生以及 Au-Cu 化合物层的异常长大，对焊点的导热性、导电性以及力学性能都是不利的，因此在焊点的使用过程中应该尽量避免 Ni 镀层的完全消耗。

4.5.3 老化退火对 AuSn20/Ni 焊点剪切强度的影响

电子封装中的焊点在服役过程中通常都要承受一定的载荷，焊点的力学性能，如疲劳强度、剪切强度和蠕变性能等，对焊点的可靠性起关键性的作用，甚至影响整个电子封装[123-125]。本书研究了 Ni/AuSn20/Ni 焊点室温下的剪切强度，探讨焊点在 120℃、160℃和 200℃老化退火不同时间后剪切强度的变化趋势。

图 4-24 所示为退火温度和时间对 Ni/AuSn20/Ni 焊点剪切强度的影响。可见，老化退火后焊点的剪切强度比钎焊焊点的剪切强度低，且在不同退火温度中，焊点的剪切强度总是在开始的 100 h 急剧下降，而且下降的幅度随退火温度升高而增大。然后，退火时间从 100 h 延长到 500 h，焊点的剪切强度缓慢下降。在 200℃退火 500 h，焊点的剪切强度反而有轻微升高。

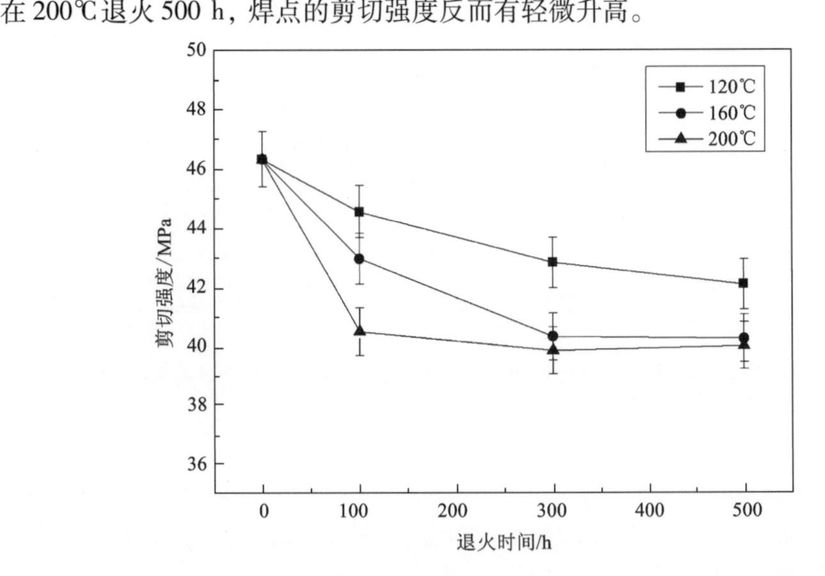

图 4-24 老化退火时间和温度对 Ni/AuSn20/Ni 焊点剪切强度的影响

Fig. 4-24 Effects of aging time and temperature on shear strength of Ni/AuSn20/Ni joints

焊点的剪切强度与界面反应及其显微组织是密切相关的。在老化退火过程中焊点显微组织的变化主要有两个方面：一是组织的粗化，二是界面 IMC 厚度的增长。根据霍尔－佩奇理论[126]，材料的强度随晶粒尺寸的增大而降低，组织的粗化会导致焊点剪切强度下降。Yoon 等[127-129]的研究表明，IMC 层的长大会降低焊点的热疲劳性能，使焊点可靠性下降。IMC 本身呈脆性，其异常长大使焊点界面处发生脱层，降低焊点的力学性能。在焊点老化退火过程中，组织的粗化和 IMC 层厚度的增长都可以引起焊点剪切强度的变化。为了清楚确定引起 Ni/AuSn20/Ni焊点剪切强度变化的主要原因，本书结合焊点的剪切断口形貌和断裂模式加以研究。

Ni/AuSn20/Ni 焊点在 120℃ 老化退火不同时间后的剪切断口形貌和断裂截面如图 4－25 所示。可见，退火 24 h、100 h、300 h 和 500 h 的焊点剪切断裂均发生在焊料/IMC 界面处，在断口形貌上可以看到残留的焊料和显露的 IMC 组织。退火 500 h 的焊点剪切断裂截面如图 4－26 所示。断裂发生在焊料的边界处，与钎焊焊点的断口形貌分析的断裂位置一致。退火 24 h、100 h 和 300 h 的焊点断裂截面与此相类似。该结果表明 120℃ 老化退火不同时间后的Ni/AuSn20/Ni 焊点的剪切薄弱环节在焊料/IMC 界面处。虽然断裂位置没有随退火时间延长而改变，但是剪切强度却随退火时间延长而降低。

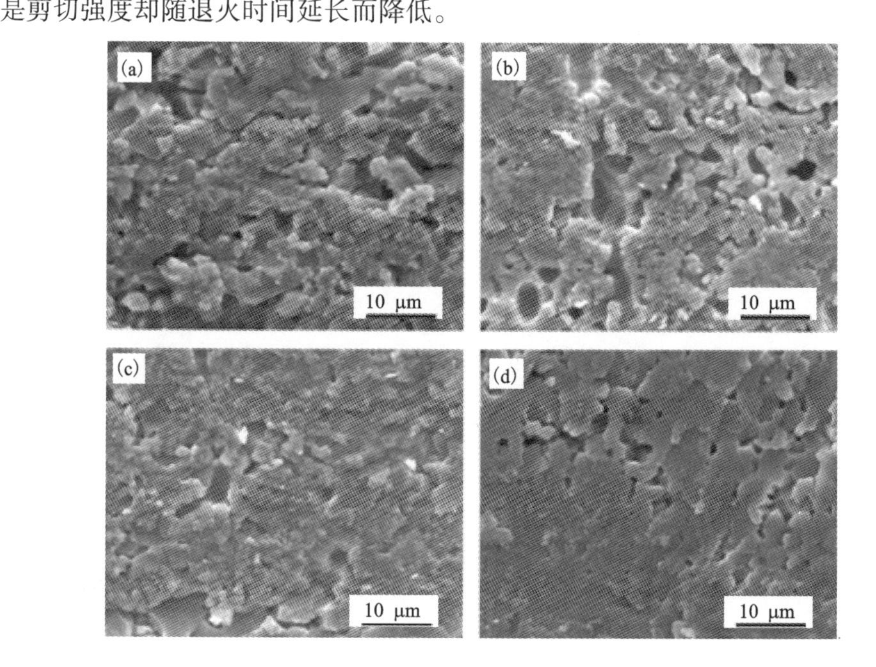

图 4－25　Ni/AuSn20/Ni 焊点在 120℃老化退火不同时间的剪切断口形貌

(a)24 h; (b)100 h; (c)300 h; (d)500 h

Fig. 4－25 Fracture surface of Ni/AuSn20/Ni joints aged at 120℃ for various time

(a)24 h; (b)100 h; (c)300 h; (d)500 h

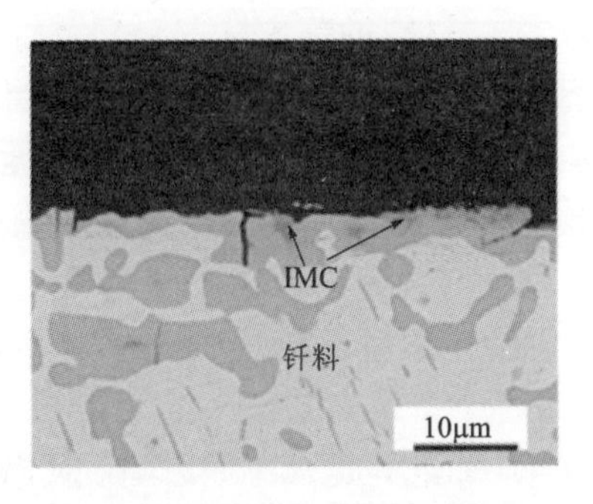

图 4－26　Ni/AuSn20/Ni 焊点在 120℃老化退火 500 h 的剪切断裂截面

Fig. 4－26 Cross－section view of Ni/AuSn20/Ni joints aged at 120℃ for 500 h

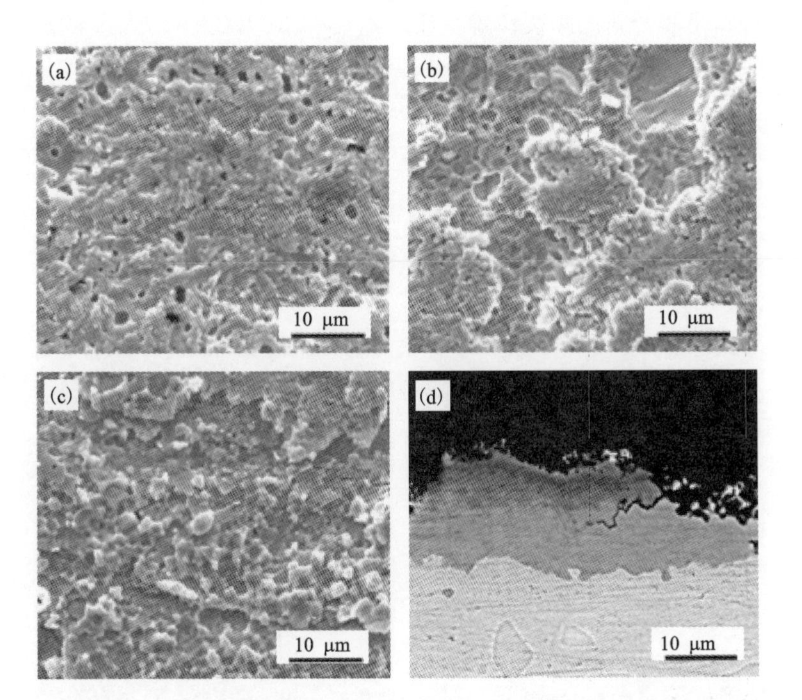

图 4－27　Ni/AuSn20/Ni 焊点在 160℃老化退火后的剪切断口形貌和断裂截面形貌

（a）fracture surface for 100 h；（b）fracture surface for 300 h；

（c）fracture surface for 500 h；（d）cross－section view for 500 h

Fig. 4－27 Fracture surfaces and cross－section view of Ni/AuSn20/Ni joints aged at 160℃ for various time

图4－27所示为Ni/AuSn20/Ni焊点在160℃老化退火不同时间后的剪切断口形貌和断裂截面。图4－27(a)为160℃退火100 h后的断口形貌，退火24 h的焊点剪切断口形貌与此相似。可见，在160℃退火24 h和100 h后焊点的剪切断裂部位与120℃退火的焊点相同，剪切断裂发生在焊料/IMC界面处。当退火时间延长至300 h时，断口形貌发生较大变化[图4－27(b)]。从断口形貌上的大部分位置是IMC发生断裂后留下的凹坑，还有少量残留的焊料。由此可以推测焊点的断裂已由焊料/IMC界面处转移到了IMC层内部，在IMC层内部沿晶界发生脆性断裂。由于IMC层厚度较薄，裂纹在扩展过程中容易伸出IMC层，因此部分断裂还是发生在焊料/IMC界面。当退火时间延长至500 h时，焊点的断裂全部发生在IMC层内部，断口形貌上没有残余的焊料[图4－27(c)]，而且断裂截面显示焊点的剪切断裂基本发生在IMC层的底部(Ni，Au)$_3$Sn$_2$层内部[图4－27(d)]。

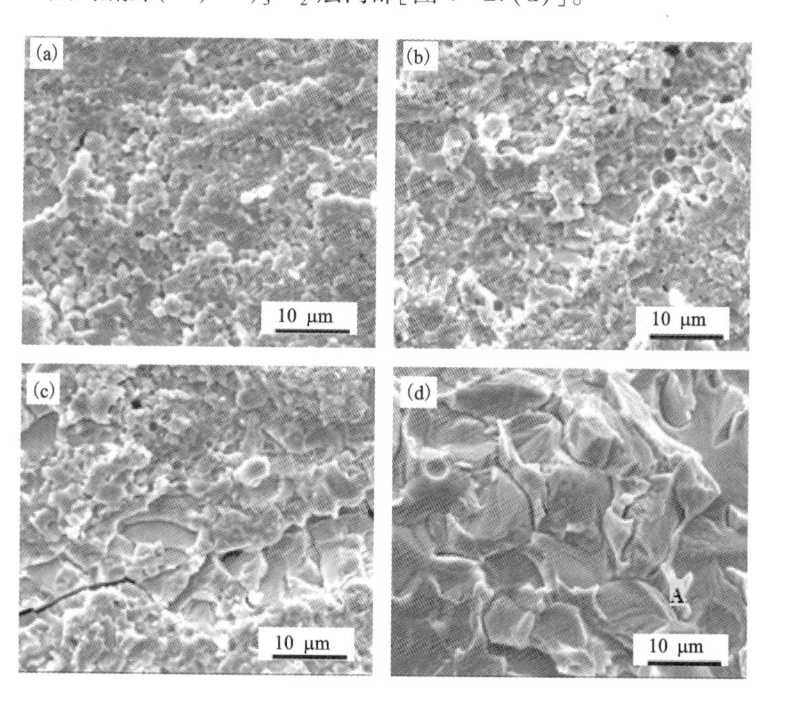

图4－28　Ni/AuSn20/Ni焊点在200℃老化退火不同时间后的剪切断口形貌

(a)24 h；(b)100 h；(c)300 h；(d)500 h

Fig. 4－28 Fracture surfaces of Ni/AuSn20/Ni joints aged at 160℃ for various time

(a)24 h；(b)100 h；(c)300 h；(d)500 h

在200℃老化退火不同时间后Ni/AuSn20/Ni焊点的剪切断口形貌和断裂截面分别如图4－28和图4－29所示。从图4－28(a)、(b)和(c)中可以看出，退火24 h、100 h和300 h后焊点的断裂主要发生在IMC层内部。由退火100 h的焊点断裂截面更加清楚地看到焊点的断裂位置[图 4 - 29(a)]，裂纹穿过(Ni, Au)$_3$Sn$_2$ 层和(Au, Ni)Sn 层。退火 24 h 和 100 h 的焊点断裂模式主要是穿晶断裂，断口形貌上看到完整的冰糖状颗粒[图4 - 28(a)和(b)]。当退火时间延长至 300 h 时，焊点的断口形貌中除了冰糖状颗粒外，还有解理断裂的大颗粒，而且有明显的穿晶裂纹[图4 - 28(c)]，这表明焊点断裂过程中裂纹的扩展有沿晶和穿晶两种模式。当退火时间延长至 500 h 时，焊点的断口形貌和断裂截面如图 4 - 28(d)和图 4 - 29(b)所示。可见，焊点的断裂发生在 IMC 的(Ni, Au)$_3$Sn$_2$ 层，断口形貌上没有沿晶断裂形成的冰糖状颗粒，只有穿晶断裂产生的解理断口。此外，从断口形貌上还可以看到沿着晶界处还有片状物质，对其进行能谱分析(图 4 - 28 的 A 点处)如图 4 - 30 所示，其相的成分为 63. 85% Ni - 10. 93% Au - 25. 22% Sn。图 4 - 31 所示为 Au - Ni - Sn 三元体系 200℃等温截面[117]，可见，该相的原子百分含量配比符合 Au - Ni - Sn 相图中的 Ni$_3$Sn 相区，且固溶了 10.93% 的 Au，记为(Ni, Au)$_3$Sn。

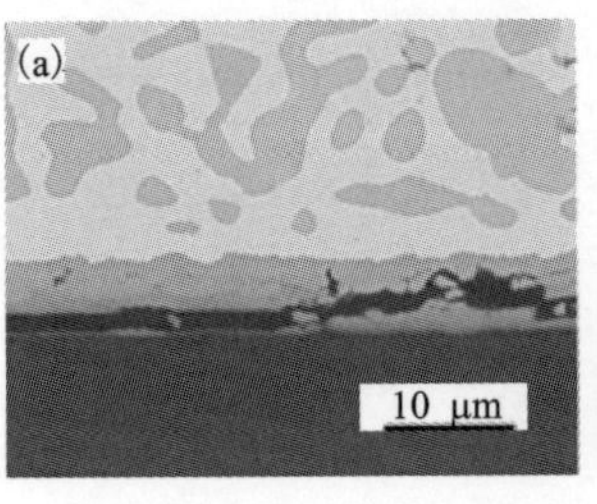

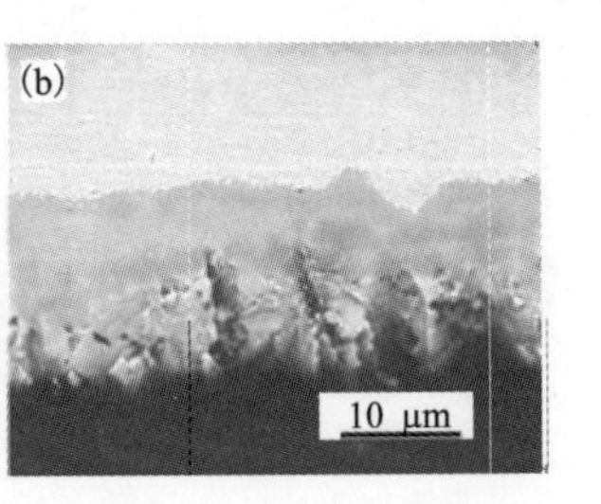

图 4 - 29　Ni/AuSn20/Ni 焊点在 200℃老化退火不同时间的断裂截面

(a)100 h; (b)500 h

Fig. 4 - 29 Cross - section view of Ni/AuSn20/Ni joints aged at 200℃ for various time

(a)100 h; (b)500 h

元素	w/%	x/%
Sn	33. 65	25. 22
Ni	42. 14	63. 85
Au	24. 21	10. 93

Ni Sn Ni Au Sn Au
2. 00 4. 00 6. 00 8. 00 10. 00 12. 00 14. 00 16. 00 18. 00
能量 /keV

图 4 - 30　图 4 - 28 中的 A 点的 EDS 能谱分析图谱

Fig. 4 - 30 EDS pattern of the A points in Fig. 4 - 29

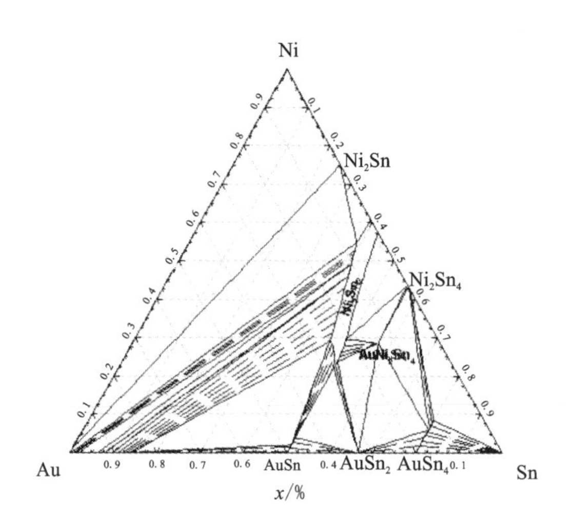

图4-31　Au-Ni-Sn三元体系200℃等温截面[117]

Fig. 4-31 Isothermal ternary phase diagram of Au-Ni-Sn at 200℃[117]

图4-32所示为Ni镀层的厚度为3 μm的Ni/AuSn20/Ni焊点在200℃老化退火1000 h后的剪切截面。可见，裂纹在Ni-Sn化合物层内部扩展，焊点断裂发生在(Ni，Au，Cu)$_3$Sn$_2$层。与Ni镀层厚度为11 μm的焊点相比，Ni-Sn化合物虽然由三元化合物转变成为四元化合物，但是该化合物的结构和强度基本不变。因此，Ni镀层厚度为3 μm的Ni/AuSn20/Ni焊点的剪切强度随退火时间和温度的变化趋势以及断口形貌与Ni镀层厚度为11 μm的焊点基本一致。

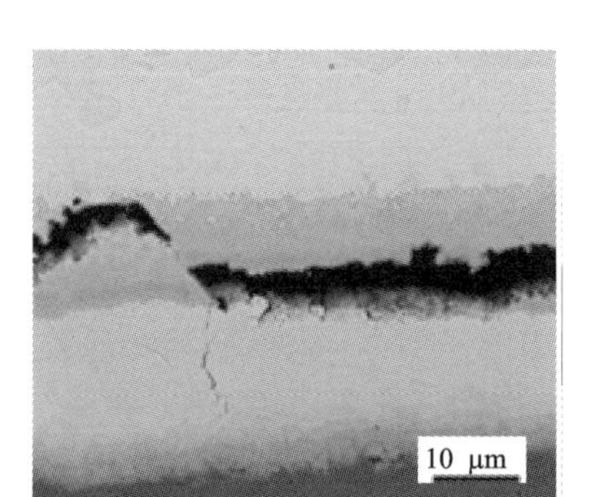

图4-32　Ni镀层厚度为3 μm的Ni/AuSn20/Ni焊点在200℃老化退火1000 h的剪切截面

Fig. 4-32 Cross-section view of Ni/AuSn20/Ni joints aged at 200℃ for 1000 h with 3 μm Ni-metallized

4.5.4 Ni/AuSn20/Ni 焊点的剪切断裂分析

有关 Ni/AuSn20/Ni 焊点显微组织、剪切强度和断口形貌的研究表明，焊点的剪切强度随组织的变化呈规律性。焊点在 120℃退火 24 h 至 500 h，焊点的 $(Ni, Au)_3Sn_2$ 层厚度较薄，而 (Au, Ni)Sn 层还没有形成平整的扩散层，焊料与整体 IMC 层之间也没有明显的边界线，焊料/IMC 界面弥散分布 $(Ni, Au)_3Sn_2$ 相粒子。由于脆性 $(Ni, Au)_3Sn_2$ IMC 相的影响，在焊料/IMC 界面处产生应力集中，钎焊焊点断裂在焊料/IMC 界面处，断口形貌上可以看到断裂残余的焊料和显露的 IMC 表面(图 4－25)。退火 24 h 后，由于焊料/IMC 界面处有弥散分布的 $(Ni, Au)_3Sn_2$ 相，起一定的强化作用，因此焊点的剪切强度较高。但是随退火时间延长，弥散分布的 $(Ni, Au)_3Sn_2$ 相聚集长大，弥散分布的凌乱程度降低，在 120℃退火时焊点的剪切强度随退火时间延长有小幅度降低，退火 500 h 的剪切断口形貌较平滑[图 4－25(d)]。

Ni/AuSn20/Ni 焊点在 160℃退火时，起初的 24 h 和 100 h 的焊点组织中 IMC 层与 120℃退火的焊点 IMC 层相类似，没有形成严格有界限的扩散层，焊点的断裂位置和断裂模型与 120℃退火的焊点相似。当退火时间延长 300 h 时，界面 IMC 层的厚度明显增大，而且 $(Ni, Au)_3Sn_2$ 层和 (Au, Ni)Sn 层边界平整清晰，此时的断口形貌和断裂截面显示焊点的剪切断裂发生在 IMC 内部，但是由于 $(Ni, Au)_3Sn_2$ 层和 (Au, Ni)Sn 层单个化合物层的厚度较薄，裂纹扩展同时穿过 $(Ni, Au)_3Sn_2$ 层和 (Au, Ni)Sn 层。当退火时间延长至 500 h 后，焊点的剪切断裂基本只发生在 $(Ni, Au)_3Sn_2$ 层内部。虽然焊点的断裂位置随退火时间延长而不断改变，但是当焊点断裂发生在 $(Ni, Au)_3Sn_2$ 层内部时剪切强度最低，该结果充分表明 $(Ni, Au)_3Sn_2$ 层是焊点剪切断裂最薄弱的环节。

焊点在 200℃的退火时间从 24 h 延长至 300 h，IMC 层厚度与 160℃时的厚度相比变化不大。但是 IMC 层从 24 h 时就形成严格的层状组织，焊点断裂基本都发生在 IMC 层内部，而且断裂模式都是沿晶断裂。然而，焊点的剪切强度还是随退火时间延长逐渐降低。这是因为随着退火时间延长，IMC 层中的 $(Ni, Au)_3Sn_2$ 相晶粒逐渐长大，在剪切力的作用下，大晶粒的晶界处产生应力集中，晶界成为裂纹源，所以在晶粒长大的焊点中裂纹扩展速度增大，加速剪切断裂，焊点的剪切强度下降。

在 200℃退火 500 h 后，由于 $(Ni, Au)_3Sn$ 相的形成，焊点的断口形貌变得较复杂，而且断裂模式由沿晶断裂转变为穿晶断裂[图 4－28(d)]。从断口形貌上还可以看出，退火 500 h 后 IMC 相的晶粒尺寸明显增大。根据霍尔－佩奇理论[126]，材料的强度随晶粒尺寸的增大而降低。而图 4－24 显示，与退火 500 h 的焊点相比，退火 1000 h 的焊点剪切强度并未降低，原因应该与界面反应产生的

$(Ni, Au)_3Sn$ 相有关。$(Ni, Au)_3Sn$ 相在 $(Ni, Au)_3Sn_2$ 相的晶界析出，使晶界结构复杂化，裂纹在晶界扩散阻力增大，此时沿晶断裂阻力增大，焊点的剪切强度反而增大。焊点的断裂模型从晶界断裂转变为穿晶断裂，在大颗粒晶粒上形成解理面，由于发生断裂的 $(Ni, Au)_3Sn_2$ 相很脆，因此焊点强度增大不明显。

4.6　本章小结

①AuSn20/Cu 焊点在 310℃钎焊过程中，界面处形成 $\zeta-(Au, Cu)_5Sn$ 层，而且该化合物层厚度随钎焊时间延长而快速增长。

②Ni/AuSn20/Ni 焊点在 310℃钎焊时，AuSn20 焊料形成 $(Au_5Sn + AuSn)$ 共晶组织，AuSn20/Ni 界面产生 $(Ni, Au)_3Sn_2$ 层，并有针状 $(Ni, Au)_3Sn_2$ 相从 AuSn/Ni 界面往焊料内生长。随冷却速度降低，焊料的共晶组织明显粗化，而且针状 $(Ni, Au)_3Sn_2$ 相异常长大成棒状或柱状。

③Ni/AuSn20/Ni 焊点的剪切强度随着钎焊时间延长而逐渐减小。在钎焊时间为 1 min 时焊点剪切强度最高，当钎焊时间延长至 15 min 时，由于 $(Ni, Au)_3Sn_2$ IMC 的异常长大使 IMC 界面层变粗糙，嵌入焊料内部的粗糙 $(Ni, Au)_3Sn_2$ 界面成为剪切断裂的裂纹源，导致焊点的剪切强度降低。

④Ni/AuSn20/Ni 焊点在老化退火过程，界面处产生 $(Ni, Au)_3Sn_2$ 和 $(Au, Ni)Sn$ 复合 IMC 层，且其厚度随退火时间延长而增大，IMC 的晶粒尺寸也逐渐增大。在 200℃ 退火 500 h 时，$(Ni, Au)_3Sn_2$/Ni 界面处产生新的 $(Ni, Au)_3Sn$ 金属间化合物相。

⑤Ni/AuSn20/Ni 焊点的剪切强度随老化退火时间温度的升高和退火时间的延长而逐渐降低。实验条件下，在 200℃退火 500 h 的焊点剪切强度最低。在 200℃退火 1000 h 的焊点由于 $(Ni, Au)_3Sn$ 相的强化作用反而有轻微的增大。

第 5 章　AuSn20/Ni 焊接界面 IMC 层生长动力学

5.1　引言

在封装过程中，当熔融的焊料与基板表面镀层接触时，在界面处发生反应形成金属间化合物（IMC），将焊料与基板连接。如果界面处形成厚度较薄的 IMC 层，则有利于界面的牢固结合。但焊点在服役过程中 IMC 层的厚度逐渐增加，会引起微裂纹在界面处萌生，甚至导致焊点断裂。这是由于当 IMC 层的厚度超过某一临界值时表现为脆性，一般而言，界面处 IMC 层越厚，焊点在层间发生脆性断裂的倾向越大[59]。

由第 4 章的研究可知，AuSn20/Ni 焊点的剪切强度随 IMC 层厚度的增加而逐渐降低。通过量化 IMC 层厚度与热处理时间和温度的关系，结合已知的剪切强度与 IMC 层厚度的关系，可以直接对焊点的可靠性进行评估。可见，IMC 层在服役过程的生长行为对 AuSn20/Ni 焊点的寿命评估具有参考作用。因此，本章研究 AuSn20/Ni 焊点在退火温度下 IMC 层的生长行为，并探讨 IMC 生长的动力学条件，为 AuSn20 焊点在电子元器件封装中的应用提供理论指导。

5.2　实验方法

首先将 AuSn20 焊料与高纯 Ni 基板搭建 AuSn20/Ni 扩散偶。扩散偶的组建有两种方式：一种是 AuSn20 焊料与 Ni 搭建后，用高温胶布固定，直接封入石英管在退火炉中固态恒温退火。另一种是 AuSn20 焊料与 Ni 搭建后，在回流炉中 310℃钎焊成焊点，然后把焊点封入石英管在退火炉中固态恒温退火。两组扩散偶的恒温退火温度同为 120℃、160℃和 200℃，退火时间同为 24 h、100 h、300 h、500 h 和 1000 h。通过比较可以得出钎焊形成的 IMC 层对退火过程 IMC 生长的影响。

将扩散偶从石英管中取出后，经磨平、抛光等处理，在 Quanta 200 型环境扫描电子显微镜上利用背散射模式观察 IMC 的形貌，并结合 EDS 能谱和 EPMA 电子探针检测分析 IMC 层的相组成。利用专业图像分析软件 Image - pro plus 计算截面上 IMC 的面积。

5.3　未钎焊的 AuSn20/Ni 扩散偶中 IMC 层的生长动力学

5.3.1　扩散偶的显微组织

图 5 -1 所示为 AuSn20/Ni 扩散偶在 120℃扩散退火不同时间后界面 IMC 层的生长情况。退火 24 h 后，界面处 IMC 以贝扇状往焊料内部生长，但是没有形成连续扩散层[图 5 -1(a)]。当退火时间延长至 100 h 时，IMC 层生长成为连续平整的扩散层[图 5 -1(b)]。随退火时间逐渐延长至 300 h 和 500 h，IMC 层厚度逐渐增大[图 5 -1(c)和(d)]。在整个退火过程中，AuSn20 焊料的层状组织基本保持不变。

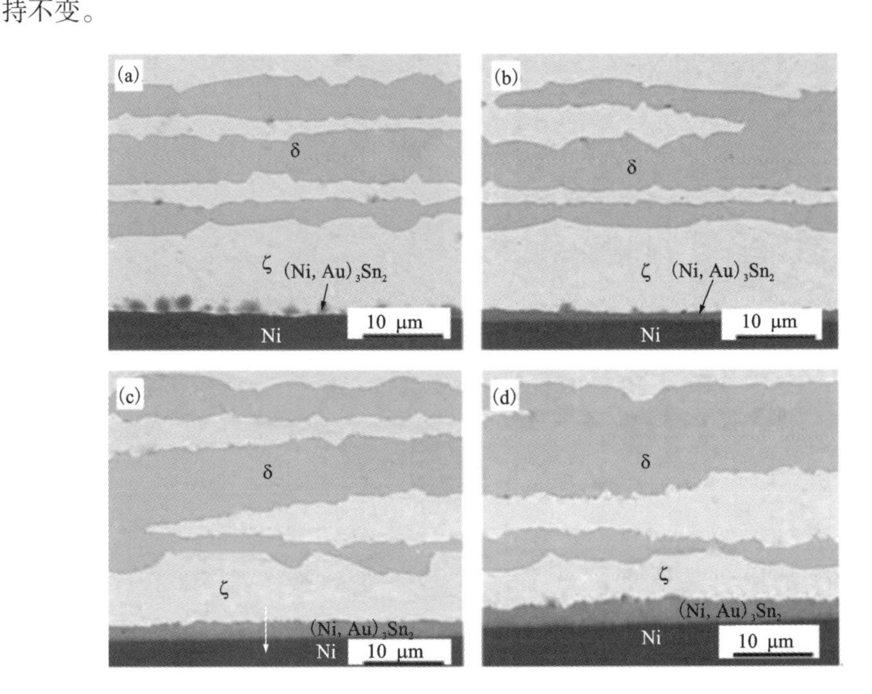

图 5 -1　AuSn20/Ni 扩散偶在 120℃退火不同时间的显微组织

(a)24 h; (b)100 h; (c)300 h; (d)500 h

Fig. 5 -1 Microstructure of AuSn20/Ni couple aged at 120℃ for various time

(a)24 h; (b)100 h; (c)300 h; (d)500 h

为了确定 IMC 层的成分，对退火 300 h 后扩散偶的 IMC 层沿界面的垂直方向进行 EPMA 分析，扫描的位置和方向如图 5 -1(c)所示。Au、Ni、Sn 的各元素的摩尔分数随扫描距离的变化的曲线如图 5 -2 所示。可见，120℃下退火形成的

IMC 层是(Ni, Au)$_3$Sn$_2$，该结果与 Yoon 等[16]的研究结果一致。在 AuSn20/Ni 扩散偶中，ζ(Au$_5$Sn)层与 Ni 直接接触。在低温退火时，原子扩散流动速度较慢，Ni 原子优先往焊料中 ζ(Au$_5$Sn)扩散，随着扫描距离的增大，ζ(Au$_5$Sn)相中的 Ni 含量逐渐增大。低温下 ζ(Au$_5$Sn)相中 Ni 的固溶度较低[117]，扩散很容易达到 Ni 饱和析出(Ni, Au)$_3$Sn$_2$ 金属间化合物。(Ni, Au)$_3$Sn$_2$ 金属间化合物随退火时间延长逐渐长大成为连续 IMC 层，而且厚度逐渐增大。

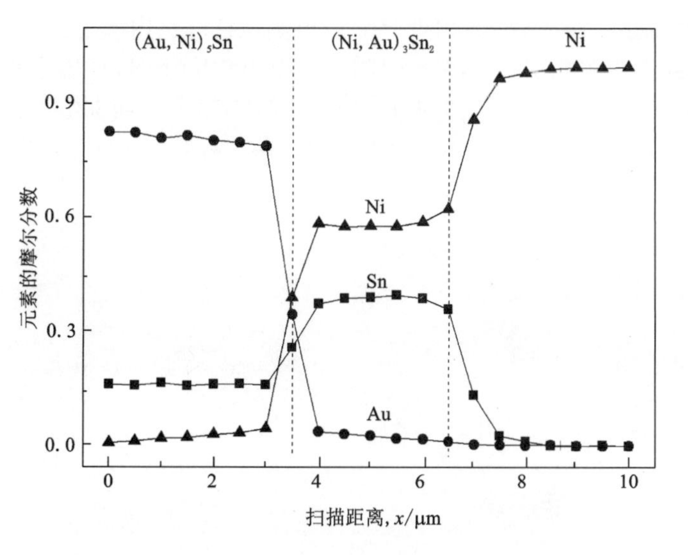

图 5-2　图 5-1(c)中箭头区域的 EPMA 检测结果

Fig. 5-2 Corresponding EPMA line profile result of the interface in Fig. 5-1(c)

AuSn20/Ni 扩散偶在 200℃扩散退火时界面 IMC 层的组织形貌如图 5-3 所示。与 120℃的相比，扩散偶中焊料的组织发生很大变化。在 200℃退火后焊料的层状组织被破坏，焊料中的 δ(AuSn)相往焊料/Ni 界面迁移，而且 IMC 层的厚度生长比 120℃时更加明显。退火时间从 24 h 延长至 500 h，界面 IMC 层的厚度增长幅度较大，而且 IMC 层靠近 Ni 侧和靠近焊料侧的衬度存在一定的差距。

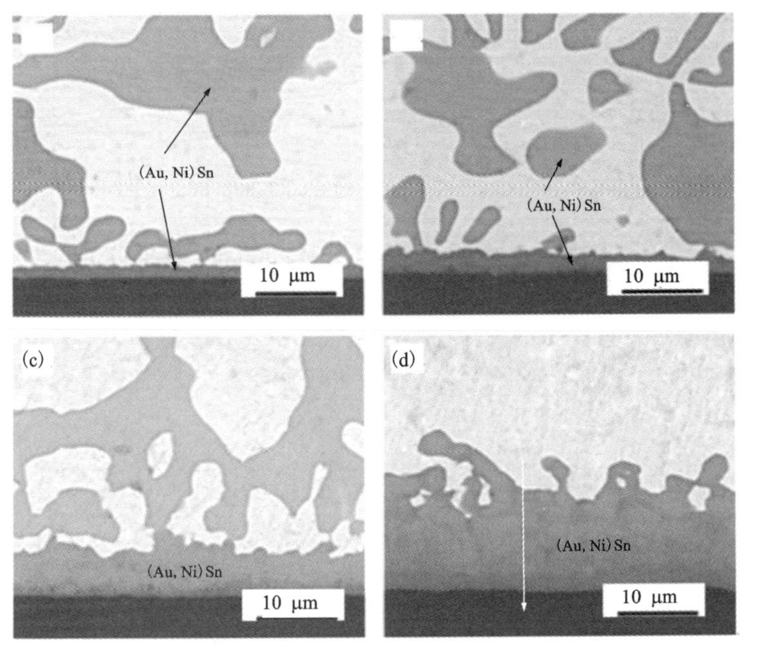

图 5－3　AuSn20/Ni 扩散偶在 200℃退火不同时间的组织形貌

(a)24 h; (b)100 h; (c)300 h; (d)500 h

Fig. 5－3 Microstructure of AuSn20/Ni couple aged at 200℃ for

(a)24 h; (b)100 h; (c)300 h; (d)500 h

退火 500 h 时 IMC 层[图 5－3(d)]的 EPMA 分析如图 5－4 所示。从图 5－4 中 Au、Ni、Sn 的原子浓度比可以得知界面 IMC 层是(Au, Ni)Sn 相，但是 Ni 的含量随着与焊料的距离的增大呈递增趋势。在 200℃退火时，扩散偶中原子扩散速度增大，焊料中有序层状组织被破坏。由于 δ(AuSn)相中 Ni 的固溶度为 27%(摩尔分数)，远大于 ζ(Au_5Sn)相中 Ni 的固溶度(1%)，在 200℃下 Ni 在焊料中会优先与 δ(AuSn)相反应形成(Au, Ni)Sn 相。由于 Ni 来自于基板，因此 IMC 层中靠近基板的一侧 Ni 含量较高，在焊料另一侧 Ni 含量较低。IMC 层在背散射照片中的衬度从 Ni 层到焊料呈由深到浅的变化，如图 5－3(d)所示，衬度变化中间没有明显的分界线。在 160℃下退火的 AuSn20/Ni 扩散偶界面 IMC 层的相组成与 200℃退火的扩散偶基本一致。

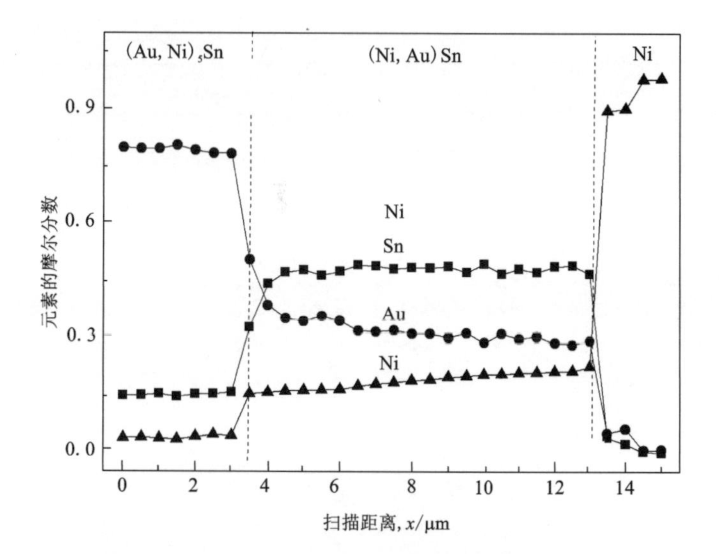

图 5－4　图 5－3(d) 中箭头区域的 EPMA 检测结果

Fig. 5－4 Corresponding EPMA line profile result of the interface in Fig. 5－3(d)

5.3.2　扩散偶 IMC 层的生长动力学

AuSn20/Ni 扩散偶中 IMC 层的厚度 l 可以由以下公式计算：

$$l = \frac{A}{w} \tag{5-1}$$

式中：A 是 SEM 照片上 IMC 层的总面积；而 w 是 SEM 照片上 IMC 层的总长度。在 120℃、160℃和 200℃下退火不同时间后，AuSn20/Ni 扩散偶界面处 IMC 层的厚度 l 的对数随退火时间的对数和温度的变化如图 5－5 中的三角形点、圆点和四方形点所示。可见，当退火温度不变时，IMC 层厚度随退火时间的延长而逐渐增大；当退火时间相同时，界面 IMC 层的厚度随退火温度的升高而增大。

IMC 层厚度 l 的对数随退火时间 t 的对数呈线性增长，由此可知 l 与 t 的关系可表达为

$$l = k\left(\frac{t}{t_0}\right)^n \tag{5-2}$$

式中：t_0 为单位时间，1 s；t/t_0 表示时间的无方向性；k 为扩散比例系数，是与厚度 l 方向相同的矢量；n 为时间指数，是标量。

把图 5－5 中 IMC 层的厚度 l 与其对应的退火时间 t 代入式(5－2)计算 k 和 n 的值。当退火温度分别为 120℃、160℃和 200℃时，AuSn20/Ni 扩散偶中焊料/Ni

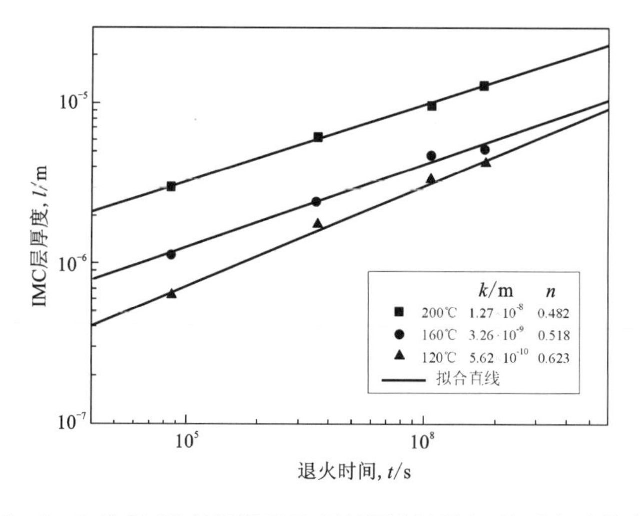

图 5－5　AuSn20/Ni 扩散偶 IMC 层的厚度随退火时间和温度的变化

Fig. 5－5 The thickness of the IMC layer vs. the aging temperature and time for AuSn20/Ni diffusion couple

界面 IMC 层生长的比例系数 k 分别为 5.62×10^{-10} m、3.26×10^{-9} m 和 1.27×10^{-9} m。可见，随退火温度升高，比例系数 k 逐渐增大。这表明界面扩散反应速率随退火时间的升高而增大。当退火温度分别为 120℃、160℃ 和 200℃ 时，AuSn20/Ni 扩散偶中焊料/Ni 界面 IMC 层生长的幂指数 n 分别为 0.623、0.518 和 0.482。可见，随退火温度的升高，时间指数 n 逐渐减小。

按时间指数 n 的数值，IMC 的生长机制可以分为三种情形[7]：当 $n=1$ 时，IMC 层厚度 l 随退火时间 t 呈线性生长，表明生长速率仅仅受生长位置处（即焊料/Ni 界面）的反应速率所限制。也就是说，生长不受金属间化合物的组元扩散到反应位置的扩散速率所限制，通常称该生长机制为反应扩散机制。当 $n=1/2$ 时，IMC 层厚度 l 随退火时间 t 呈抛物线生长，该生长动力学表明 IMC 的生长受元素到达反应界面的体积扩散所控制。随退火时间延长，IMC 层的生长会变得越来越困难，因为反应生成 IMC 的一个或者更多的组元必须通过现有的 IMC 层才能扩散到反应位置。当 $n=1/3$ 时，IMC 层厚度 l 随退火时间 t 呈抛物线生长，此时 IMC 层的生长受元素到达反应位置的晶界扩散所控制。

在 120℃退火时，IMC 层生长的时间指数 n 的值为 0.623。这表明 AuSn20/Ni 扩散偶界面 IMC 层在低温 120℃时以反应扩散为主。在 160℃退火时，n 的值为 0.518，接近 1/2，表明 IMC 层生长以体积扩散为主，伴随有少量的反应扩散生长。在 200℃退火时，n 的值为 0.482，也是较接近 1/2，IMC 层生长以体积扩散为主，伴随有晶界扩散生长。

在以体积扩散为主的界面扩散中，IMC 层的生长遵循以下关系方程式[118]：

$$l^2 = Kt \tag{5-3}$$

式中：K 为扩散系数。

式(5－3)是扩散界面 IMC 层厚度 l 与退火时间 t 关系的另一种表达形式，其边界条件为 IMC 层的生长以体积扩散为主。AuSn20/Ni 扩散偶在 160℃ 和 200℃ 退火时，界面 IMC 层的生长以体积扩散为主。将 160℃ 和 200℃ 退火的AuSn20/Ni 扩散偶 IMC 层的厚度 l 以及对应的退火时间 t 代入式(5－3)，得出在 160℃ 和 200℃ 退火时，AuSn20/Ni 扩散偶界面扩散系数 K 分别为 1.73×10^{-17} m²/s 和 1.00×10^{-16} m²/s。可见，随退火温度升高扩散系数增大。

固态扩散中的扩散系数 K 是退火温度 T 的倒数的函数，其关系式符合 Arrhenius 方程[式(3－1)]。将扩散系数 K 的值代入其 Arrhenius 方程，并计算得出 AuSn20/Ni 扩散偶发生体积扩散时的指数因子 K_0 为 1.47×10^{-8} m²/s，激活能 Q 为 74.07 kJ/mol。

由 AuSn20/Ni 扩散偶的组织和 IMC 层的生长行为可知，AuSn20 焊料与基板表面 Ni 镀层的扩散反应得到的反应产物只有 Ni－Sn 化合物。对比 AuSn20 焊料与 Ni 镀层的反应过程和 Ni－Sn 二元体系的扩散反应，可探讨 AuSn20/Ni 三元体系中的 Au 对 Ni－Sn 扩散反应的影响。Tang 等[130]采用电沉积法制备 Ni/Sn 复合层，研究 Ni/Sn 界面在不同退火温度下的扩散动力学。其报道的实验结果中，Ni/Sn的界面反应产物为 Ni_3Sn_4，它生长的扩散系数表达式为 $K = 2.4 \times 10^{-12} \exp(-39.0 \times 10^3/RT)$ m²/s。由此可以得出，Ni/Sn 复合层在 160℃ 和 200℃ 退火时的扩散系数分别为 4.73×10^{-17} m²/s 和 1.18×10^{-16} m²/s。对比可知，AuSn20/Ni 界面的扩散速率比 Ni/Sn 电沉积复合层的扩散速率稍小。这表明在 AuSn20/Ni 扩散偶中 Au 的存在对 Ni－Sn 的扩散起抑制作用。

Au－Ni－Sn 三元体系的固态扩散中界面 IMC 层的生长行为也得到了广泛研究[118, 131]。图 5－6 所示为 Sn/Au－Ni/Sn 体系中 Ni 含量和退火温度对 IMC 层生长行为的影响[118]。当 Ni 含量为 2.7% 时，Sn/Au－Ni/Sn 体系在 160℃ 和 200℃ 的扩散系数分别为 6.13×10^{-18} m²/s 和 3.95×10^{-17} m²/s，扩散系数对应的指数因子 K_0 为 2.26×10^{-8} m²/s，激活能 Q_K 为 79.30 kJ/mol。图 5－6 还显示了Cu/Sn 扩散的动力学曲线，在 160℃ 和 200℃ 时 Cu/Sn 扩散的扩散系数为 6.82×10^{-17} m²/s 和 2.64×10^{-16} m²/s[132]。

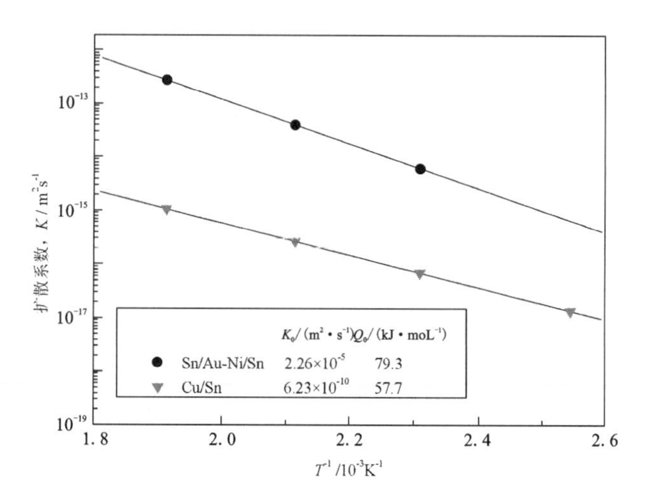

图5－6　Sn/Au－Ni/Sn 和 Cu/Sn 扩散偶中界面扩散系数 K 与退火温度的倒数 T^{-1} 的关系曲线

Fig. 5－6 The diffusion coefficient K vs. the reciprocal of the aging temperature T^{-1} for Sn/Au－Ni/Sn and Cu/Sn diffusion couple

AuSn20/Ni、Ni/Sn、Sn/Au－Ni/Sn 以及 Cu/Sn 4 个扩散体系在 160℃ 和 200℃的扩散系数对比如图 5－7 所示。可见，Cu/Sn 体系的扩散系数最大，表明 Cu/Sn 体系中的 IMC 层生长速度最快。通常在有 Cu－Sn 扩散的界面间镀上 Au/Ni镀层，对界面扩散起一定的抑制作用。此外，在 AuSn20/Ni、Ni/Sn 和 Sn/Au－Ni/Sn 三个体系中，Ni/Sn 体系的扩散系数最大，由此也可以得知在 Au－Ni－Sn 三元体系中，Au 的存在可以抑制界面 Ni－Sn 二元 IMC 的生长。

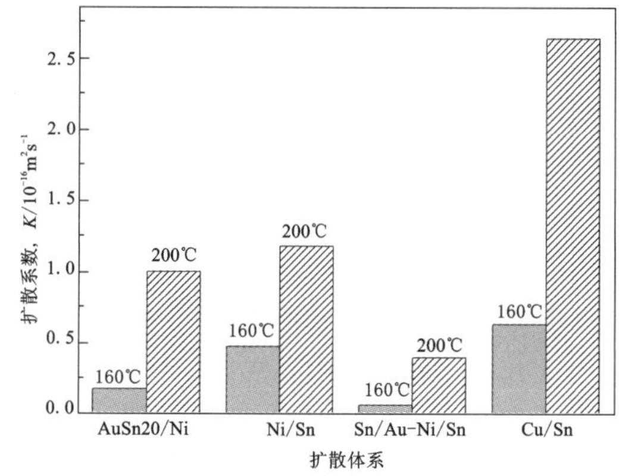

图5－7　AuSn20/Ni、Ni/Sn、Sn/Au－Ni/Sn 和 Cu/Sn 4 个扩散体系的扩散系数

Fig. 5－7 The diffusion coefficient K of the AuSn20/Ni、Ni/Sn、Sn/Au－Ni/Sn and Cu/Sn diffusion couples

5.4　Ni/AuSn20/Ni 焊点中 IMC 层的生长动力学

5.4.1　焊点 IMC 层的生长动力学

Ni/AuSn20/Ni 焊点在 120℃、160℃和 200℃退火时 IMC 层组织演变如 4.5 节所述。AuSn20/Ni 扩散偶中 IMC 层的组织与 Ni/AuSn20/Ni 焊点 IMC 层组织存在较大差异。在 AuSn20/Ni 扩散偶中，IMC 层是单一扩散层，在生长过程中没有其他物质层相互作用的影响，因此，AuSn20/Ni 扩散偶中 IMC 层的生长行为研究相对较简单。而第 4.5 节中研究的 Ni/AuSn20/Ni 焊点的 IMC 层包括钎焊形成的 $(Ni, Au)_3Sn_2$ 层和后续退火中扩散形成的 (Au, Ni)Sn 层，两者形成界面处的复合 IMC 层。焊点结构较复杂，与 AuSn20 在电子封装中回流焊焊点的实际应用较为相似。各物质层在退火过程中的生长存在一定程度的相互作用，本书研究 Ni/AuSn20/Ni 焊点 IMC 层的生长行为，探讨钎焊形成的 IMC 层对其厚度增长的影响。

Ni/AuSn20/Ni 焊点 IMC 层中有 $(Ni, Au)_3Sn_2$ 层和 (Au, Ni)Sn 层，采用式 (5 - 1) 对 IMC 层厚度进行计算时，表达式可修正为：

$$l_i = \frac{A_i}{w_i} - l_0 (i = 1, 2, s) \qquad (5-4)$$

当 $i = 1$ 时表示 (Au, Ni)Sn 层，$i = 2$ 时表示 $(Ni, Au)_3Sn_2$ 层，$i = s$ 时表示总的 IMC 层，l_0 为钎焊时形成的 IMC 层的厚度，约为 0.2 μm。

根据式 (5 - 4) 对 Ni/AuSn20/Ni 焊点在 200℃退火时 IMC 层的厚度进行测量计算，结果如图 5 - 8 所示。可见，Ni/AuSn20/Ni 焊点在 200℃退火时，界面 IMC 层的厚度与退火时间也符合式 (5 - 2) 的直线关系。且 $l_{1,2,s}$ 都随退火时间的延长而增大。采用最小二乘法拟合并计算得出 l_1，l_2 和 l_s 的生长所对应的扩散比例系数 k 分别为 5.22×10^{-9} m，1.82×10^{-9} m 和 1.34×10^{-8} m。显然，总 IMC 层的生长比例系数与 AuSn20/Ni 扩散偶的 IMC 层生长比例系数很接近。

由图 5 - 8 可知，l_1 的生长指数 n 为 0.459，l_2 的生长指数 n 为 0.513，复合 IMC 层的生长指数 n 为 0.501，均接近 1/2。这表明 (Au, Ni)Sn 层、$(Ni, Au)_3Sn_2$ 层和复合 IMC 层均以体积扩散生长，其生长行为符合体积扩散机制。

将 l_s、l_1 和 l_2 的值代入式 (5 - 3) 计算得出，在 200℃退火时，Ni/AuSn20/Ni 焊点中的总 IMC 层、(Au, Ni)Sn 层和 $(Ni, Au)_3Sn_2$ 层的扩散系数 K_s、K_1 和 K_2 分别为 6.44×10^{-17} m^2/s、4.0×10^{-17} m^2/s 和 4.85×10^{-18} m^2/s。与 200℃退火的 AuSn20/Ni 扩散偶相比，界面的扩散系数减小。这表明焊点中 IMC 层生长的体积扩散速率比扩散偶中 IMC 层生长的体积扩散速率小。产生这种差异的主要原因

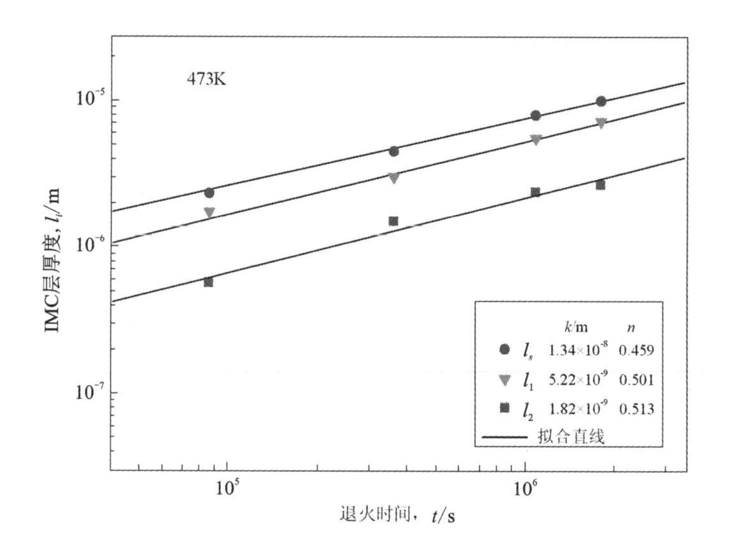

图 5-8　Ni/AuSn20/Ni 焊点在 200℃退火时 IMC 层的厚度与退火时间的关系

Fig. 5-8 Thickness of IMC layer vs. aging time for Ni/AuSn20/Ni joints aged at 200℃

归结于钎焊形成的原始扩散层 l_0 的影响。焊点在退火过程中 IMC 的生长主要是因为焊料中的元素与基体 Ni 的互扩散形成的，钎焊在焊料/Ni 界面形成了 l_0 扩散层，元素的体积扩散要穿过 l_0 层，扩散速率减小。因此在退火过程中焊点的界面 IMC 生长的体积扩散比没有 l_0 扩散层的 AuSn20/Ni 扩散偶的体积扩散速度慢，从而导致扩散系数减小。

根据公式(5-4)对 Ni/AuSn20/Ni 焊点在 160℃退火时 IMC 层的厚度进行测量计算，结果如图 5-9 所示。与在 200℃退火的焊点相比，在 160℃退火时(Au，Ni)Sn 层的厚度明显减小。在 200℃时(Au，Ni)Sn 层的厚度远大于(Ni，Au)$_3$Sn$_2$ 层(图 5-8)，而在 160℃时，(Au，Ni)Sn 层的厚度与(Ni，Au)$_3$Sn$_2$ 层厚度接近，比例系数的数量级相同。时间指数 n 的值分别为 0.492 和 0.579，与 200℃时的 n 值接近。这表明(Au，Ni)Sn 层与(Ni，Au)$_3$Sn$_2$ 层的生长机制分别以体积扩散和反应扩散为主。

采用最小二乘法对 Ni/AuSn20/Ni 焊点在 160℃退火时 IMC 层的厚度值进行拟合，拟合线为图 5-9 中的直线，由此可以得出各物质层在 160℃生长的动力学参数。Ni/AuSn20/Ni 焊点在 160℃退火时，l_1，l_2 和 l_s 的生长所对应的扩散比例系数 k 分别为 1.97×10^{-9}m，1.30×10^{-9}m 和 3.24×10^{-8}m。与 200℃相比，总 IMC 层的生长速率明显减小。

Ni/AuSn20/Ni 焊点在 120℃退火时，复合 IMC 层中的(Au，Ni)Sn 和(Ni，Au)$_3$Sn$_2$ 层没有形成明显的界线。采用专业图像分析软件(Image-pro plus)

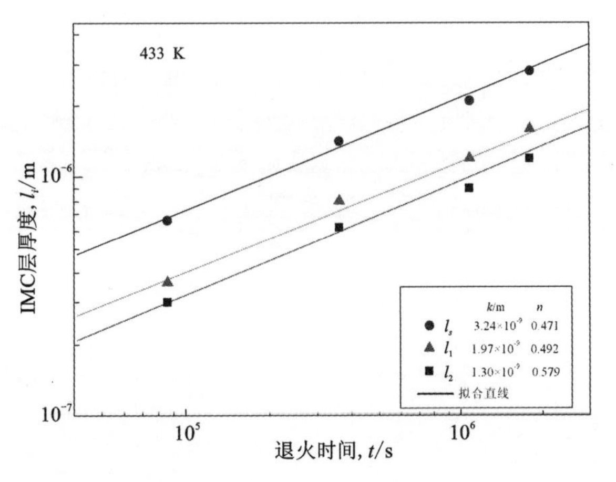

图 5－9　Ni/AuSn20/Ni 焊点在 160℃退火时 IMC 层的厚度与退火时间的关系

Fig. 5－9 Thickness of IMC layer vs. aging time for Ni/AuSn20/Ni joints aged at 160℃

分析 l_1 和 l_2 时，数据与实际厚度差距较大，在 120℃退火的焊点只分析 l_s 的生长行为。在 120℃退火时 l_s 随退火时间的变化如图 5－10 所示。可见，IMC 层的厚度随退火时间延长逐渐增大，当退火时间相同时，IMC 层厚度随退火温度升高而增大。

采用最小二乘法对 120℃退火 Ni/AuSn20/Ni 焊点的 IMC 层厚度进行拟合，拟合直线如图 5－10 所示。通过拟合直线得知，Ni/AuSn20/Ni 焊点在 120℃退火时的 k 和 n 分别为 5.71×10^{-10} m 和 0.514。

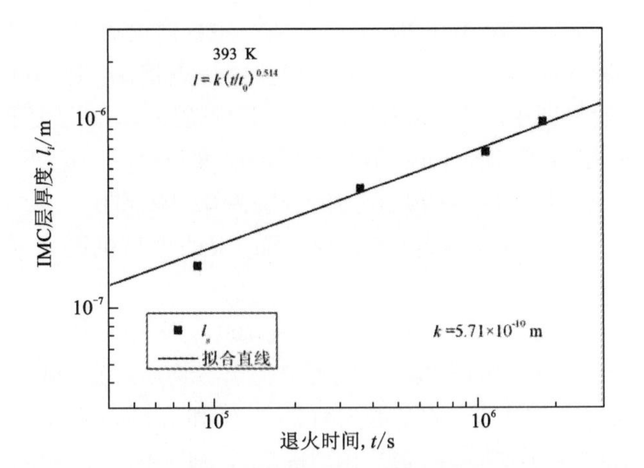

图 5－10　Ni/AuSn20/Ni 焊点在 120℃退火时 IMC 层的厚度与退火时间的关系曲线

Fig. 5－10 Thickness of IMC layer vs. aging time for Ni/AuSn20/Ni joints aged at 120℃

由图5-8和图5-9可知，随着退火时间的变化，焊点中(Au，Ni)Sn 层、(Ni，Au)$_3$Sn$_2$ 层和复合 IMC 层的厚度均以相同的趋势逐渐增大。为了更加清楚(Au，Ni)Sn 层和(Ni，Au)$_3$Sn$_2$ 层在焊点退火过程中的生长行为，需要进一步分析各物质层在总 IMC 层中的比例随退火时间的变化趋势。(Au，Ni)Sn 层或(Ni，Au)$_3$Sn$_2$ 层的厚度在总 IMC 层中的厚度比例可表示为：

$$r_i = \frac{l_i}{l_s}(i=1,\ 2) \tag{5-5}$$

式中：$i=1$ 时表示(Au，Ni)Sn 层的厚度 l_1 和厚度比例 r_1，$i=2$ 时表示(Ni，Au)$_3$Sn$_2$ 层厚度 l_1 和厚度比例 r_2。

Ni/AuSn20/Ni 焊点在200℃退火时，r_1 和 r_2 随退火时间延长的变化曲线如图5-11所示。在200℃退火时，IMC 层中(Au，Ni)Sn 层厚度在总 IMC 层中的比例随退火时间延长而逐渐增大，而(Ni，Au)$_3$Sn$_2$ 层的比例随退火时间延长逐渐减小。由此可知，在200℃下退火(Ni，Au)Sn 层的生长速度比(Ni，Au)$_3$Sn$_2$ 层快。

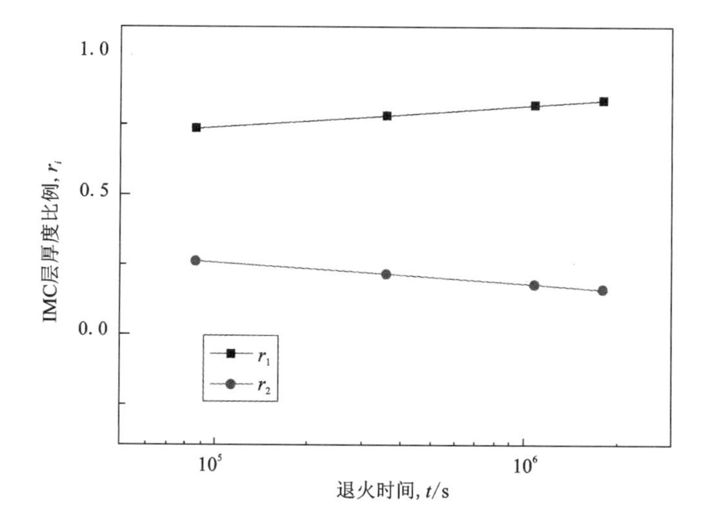

图5-11　Ni/AuSn20/Ni 焊点在200℃退火时 r_1 和 r_2 随退火时间的变化

Fig. 5-11 The ratio r_1 and r_2 vs. the aging time for the Ni/AuSn20/Ni joints at 200℃

Ni/AuSn20/Ni 焊点在160℃退火时，r_1 和 r_2 随退火时间延长的变化曲线如图5-12所示。在160℃退火时，IMC 层中(Au，Ni)Sn 层和(Ni，Au)$_3$Sn$_2$ 层的厚度在总 IMC 层中的比例随退火时间延长基本保持不变。(Au，Ni)Sn 层的比例 r_1 为0.554，(Ni，Au)$_3$Sn$_2$ 层的比例 r_2 为0.446。在160℃下退火(Ni，Au)Sn 层的生长速度与(Ni，Au)$_3$Sn$_2$ 层的生长速度相当。

AuSn20/Ni 扩散偶和 Ni/AuSn20/Ni 焊点中界面各种 IMC 层生长的时间指数 n 随退火温度的变化曲线如图 5 – 13 所示。AuSn20/Ni 扩散偶和 Ni/AuSn20/Ni 焊点在 160℃和 200℃退火时，幂指数 n 的值基本保持不变，接近 1/2，表明界面 IMC 层的生长都以体积扩散为主。但在 120℃是扩散偶 IMC 层生长以反应扩散为主，而焊接界面还是以体积扩散为主。在 160℃和 200℃时，(Au，Ni)Sn 层和 $(Ni, Au)_3Sn_2$ 层分别以体积扩散和反应扩散为主要生长机制。

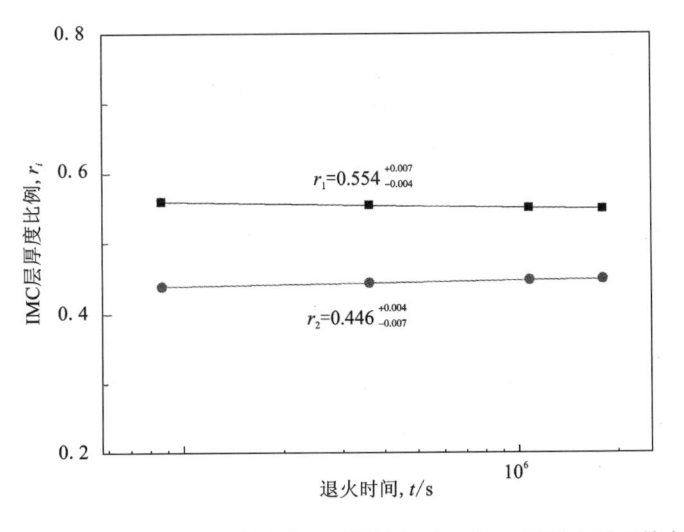

图 5 – 12　Ni/AuSn20/Ni 焊点在 160℃退火时 r_1 和 r_2 随退火时间的变化

Fig. 5 – 12 The ratio r_1 and r_2 vs. the aging time for the Ni/AuSn20/Ni joints at 160℃

界面 IMC 层的生长机制取决于 IMC 层的结构和界面反应机理。在扩散偶中，IMC 层为单层化合物结构，扩散偶 IMC 层的生长机制即为化合物层的生长机制。在 120℃时，焊料/Ni 界面发生反应形成新相 $(Ni, Au)_3Sn_2$，界面 $(Ni, Au)_3Sn_2$IMC 层以反应扩散形式不断生长。在高温(160℃和 200℃)退火时，界面 IMC 层为(Au，Ni)Sn 层，而(Au，Ni)Sn 层以扩散机制生长。在 Ni/AuSn20/Ni 焊点中，钎焊时界面形成了 IMC 层，且焊料中的 δ(AuSn)已往焊料/Ni 界面迁移，焊点在退火时 Ni 往焊料中 δ(AuSn)扩散，直接取代 δ(AuSn)中的部分 Au 原子而形成(Au，Ni)Sn 相。(Au，Ni)Sn 层的生长是以体扩散为主的，焊点在 120℃退火时幂指数接近 1/2。焊点在 160℃和 200℃时，IMC 层的生长应该是由体积扩散和反应扩散两种机制控制，但是由于(Au，Ni)Sn 层的生长速度比 $(Ni, Au)_3Sn_2$ 层的生长速度快，因此总 IMC 层表现出来的生长行为与体积扩散机制更加相似，导致 n 值接近 1/2。

由图 5 - 13 中还可知，在相同的退火温度下扩散偶中 IMC 层生长的幂指数比焊点的幂指数大，这表明焊点钎焊时形成的 IMC 层 l_0 对焊点在服役过程 IMC 层的长大起到抑制作用。同时也证明 Ni 在$(Ni, Au)_3Sn_2$ 层中的扩散速率比在 AuSn20 焊料中的扩散速率小。

焊点在 120℃、160℃和 200℃退火时总 IMC 层的生长机制为体积扩散，焊点中 IMC 层的生长也遵循式(5 - 3)，则 120℃、160℃和 200℃对应的扩散系数分别为 4.73×10^{-19} m^2/s、4.65×10^{-18} m^2/s 和 4.52×10^{-17} m^2/s。由 Arrhenius 公式计算得出 Ni/AuSn20/Ni 焊点中总 IMC 生长的扩散因子 K_0 和激活焓 Q 分别为 2.11×10^{-7} m^2/s 和 87.84 kJ/mol。

在相同温度退火时扩散偶的扩散系数比焊点的扩散系数大一个数量级。这表明扩散偶的界面 IMC 层生长的体积扩散速率比焊点界面 IMC 层生长的体积扩散速率大。在 160℃和 200℃退火时，扩散偶和焊点中总 IMC 层的生长均以体积扩散为主，因此扩散偶中 IMC 层的厚度大于焊点 IMC 层厚度，这与组织研究以及 IMC 的厚度研究结果相吻合。

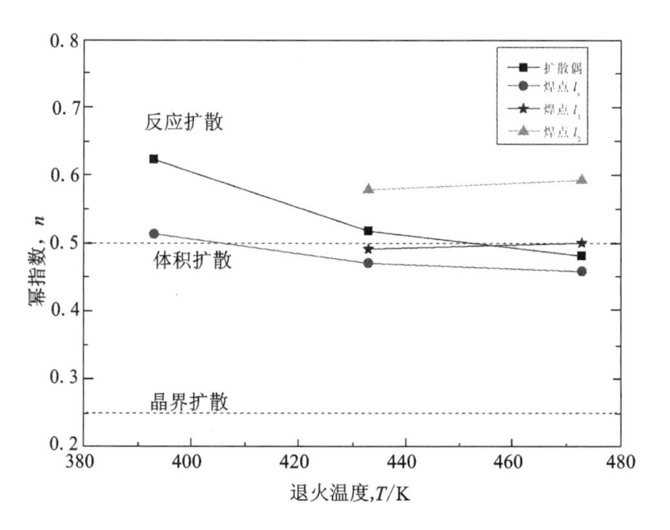

图 5 - 13　扩散偶和焊点中各 IMC 层生长的时间指数 n 随退火温度 T 的变化

Fig. 5 - 13 The time - exponent n vs. the aging temperature T for IMC layers in the diffusion couple and joints.

5.4.2　焊点剪切失效预测

针对不同的使用环境和使用要求焊点的可靠性有不同的指标，一般的可靠性包括电化学可靠性、热可靠性和力学可靠性等[7]。其中，力学可靠性是焊点在服役过程中抵抗机械载荷、蠕变、疲劳等力学方面的能力。剪切强度测试是检测焊点抗机械载荷和过载疲劳的力学可靠性最直接有效的方法。

由生长动力学研究可知，Ni/AuSn20/Ni 焊点 IMC 层在 120℃、160℃和 200℃下的生长动力学方程为：

$$l_{120} = 5.71 \times 10 - 10(t/t_0)0.514 \quad (5-6)$$

$$l_{160} = 3.24 \times 10 - 9(t/t_0)0.471 \quad (5-7)$$

$$l_{200} = 1.34 \times 10 - 8(t/t_0)0.459 \quad (5-8)$$

式中：l_{120}、l_{160}、l_{200} 分别表示焊接界面 IMC 层在 120℃、160℃和 200℃退火的厚度。

由 Ni/AuSn20/Ni 焊点的剪切强度测试结果可知，焊点在 120℃、160℃和 200℃退火 500 h 后，焊点的强度从 47 MPa 下降到 40 MPa 左右。在 120℃退火 500 h 时，焊点剪切强度下降至最低为 42 MPa。由式(5-6)可知其对应的 IMC 层厚度为 0.94 μm。在 160℃退火 500 h 时，焊点剪切强度下降至最低为 40 MPa。由式(5-7)可知其对应的 IMC 层厚度为 2.86 μm。在 200℃退火 300 h 时，焊点剪切强度下降至最低为 39 MPa。由式(5-8)可知其对应的 IMC 层厚度为 7.88 μm。可见，IMC 层厚度从 2.86 μm 增大至 7.88 μm，焊点的剪切强度基本保持不变。这是因为当 IMC 层厚度大于或等于 2.86 μm 后，焊点的剪切断裂基本发生在 IMC 层内部，此时的剪切强度取决于 IMC 层的强度。在 IMC 层组成和结构不变的老化退火中，焊点的剪切强度随 IMC 层厚度继续增大而保持不变。

以传统的锡铅焊点的剪切强度(26 MPa)和常用的无铅锡银铜焊点的剪切强度(21 MPa)为评估标准，AuSn20/Ni 焊点在 200℃以下具有良好的力学可靠性。

此外，焊点的镀层可靠性是焊点热可靠性评估的重要影响因素。由焊点组织演变可知，在 200℃退火 300 h 时，厚度为 3 μm 的 Ni 镀层反应完全。则 IMC 层的厚度 7.88 μm 为镀层可靠的临界值。把 IMC 层厚度大于 7.88 μm 的焊点视为准失效焊点，则 Ni/AuSn20/Ni 焊点在 160℃下工作时，其可靠工作寿命约为 179 d；在 120℃下工作时，其可靠工作寿命约为 1311 d。

5.5 本章小结

①未钎焊的 AuSn20/Ni 扩散偶在 120℃下退火时，界面形成 $(Ni, Au)_3Sn_2$ 层，其厚度随退火时间延长逐渐增大；在 160℃和 200℃下退火时，界面形成 (Au, Ni)Sn 层，随退火时间延长，(Au, Ni)Sn 层厚度增大显著，而且形成 Ni 浓度梯度。

②未钎焊的 AuSn20/Ni 扩散偶中界面 IMC 层的生长遵循扩散控制机制。在 120℃时，界面 $(Ni, Au)_3Sn_2$ 层随退火时间延长以反应扩散机制逐渐生长；在

160℃和200℃时，(Au，Ni)Sn层随退火时间延长以体积扩散机制逐渐生长。

③Ni/AuSn20/Ni焊点在固相温度退火时，界面形成(Au，Ni)Sn和(Ni，Au)$_3$Sn$_2$复合IMC层，以体积扩散机制逐渐生长。由于钎焊形成扩散层l_0的影响，焊点的IMC层生长速度与未钎焊的AuSn20/Ni扩散偶相比明显减小。

第 6 章　AuSn20 焊点的耦合界面反应

6.1　引言

在电子封装中，当焊料用来连接半导体芯片与基板材料时，焊点中会同时存在两个界面：一个位于芯片/焊料端，另一个位于焊料/基板端。在钎焊过程中，两个界面将同时发生界面反应，芯片和基板两端的金属原子或两者表面镀层的金属原子都能在液体焊料中溶解并以较快速率扩散。两端的原子可能穿过液体焊料扩散到另一端，相互影响对面的界面反应，产生耦合效应[133]。这种状态的焊点的组织和力学性能在钎焊和服役过程中的演变与单界面焊点会存在较大差异。因此，研究 Cu/AuSn20/Ni 焊点耦合双基板界面反应及 IMC 层的形貌和生长特征，更加真实地模拟 AuSn20 焊料的实际应用环境，对 AuSn20 箔材焊料的焊点可靠性评估具有重要的指导意义。

本章在 Ni/AuSn20/Ni 焊点研究工作的基础上，继续探讨 Cu/AuSn20/Ni 焊点界面反应特征，分析焊点的耦合反应效应对组织的影响。通过固相老化退火来模拟焊点服役过程中的热效应，研究其对 Cu/AuSn20/Ni 焊点显微组织及剪切强度的影响。

6.2　实验

6.2.1　Cu/AuSn20/Ni 焊点制备

将 AuSn20 焊料切成 15 mm × 10 mm × 0.05 mm 的片材，与 Ni、Cu 片三层叠加搭建 Cu/AuSn20/Ni 三明治结构焊点。在真空条件下 310℃ 钎焊不同时间后，水冷。钎焊 1 min 后的 Cu/AuSn20/Ni 焊点封入石英管中，在退火炉中加热 120℃、160℃ 和 200℃，油浴保温 24 h、100 h、300 h、500 h 和 1000 h，水冷至室温。

6.2.2　组织观察与性能检测

Cu/AuSn20/Ni 焊点经过磨平、抛光后，在 Quanta 200 型环境扫描电子显微镜上观察其显微组织形貌。采用 IPP 专业图像分析软件测量 IMC 层的厚度，并结合 EDS 能谱和 X 射线衍射（XRD）分析 IMC 层的相组成。在 CCS－44100 型电子万能试验机上检测 AuSn20/Ni 焊点的剪切强度，并在扫描电子显微镜上观察其断口形貌。

6.3　Cu/AuSn20/Ni 焊点的组织和性能

6.3.1　钎焊时间对 Cu/AuSn20/Ni 焊点显微组织的影响

图 6－1 所示为 Cu/AuSn20/Ni 焊点在 310℃ 钎焊不同时间后 SEM 照片。钎焊 1 min 后，焊点中的焊料形成典型的层状共晶组织［图 6－1（a）］。由 Au－Sn 二元相图[25]可知该组织为（Au_5Sn + AuSn）共晶组织。焊点的 Cu/AuSn20 上界面产生胞状的 IMC，其能谱分析如图 6－2（a）所示。其中 Au、Cu、Sn 的原子百分含量为 66.72% Au－19.52% Cu－13.77% Sn。结合相关相图[107, 134, 135]可知，该胞状 IMC 为含一定 Cu 含量的 ζ－Au_5Sn，这与 Chung 等[21]的研究结果一致。为了标识 Cu 的存在，将其记为 ζ－$(Au, Cu)_5Sn$。

在钎焊过程中，基板中的 Cu 原子不断往熔融状态的焊料中扩散。由于 Cu 和 Au 具有相同的晶格结构，因此 Cu 原子扩散进入 Au_5Sn 晶格中取代一部分 Au 原子。焊料中固溶了一定量的 Cu，成分往富金区移动，焊料中 Sn 的百分含量降低。当焊料成分迁移至（L＋ζ）区时，ζ－Au_5Sn 便析出沉积在 Cu/AuSn20 界面处，形成 ζ－$(Au, Cu)_5Sn$ 层。焊点冷却时，更多的 ζ－Au_5Sn 相析出，沉积在已有的 ζ－$(Au, Cu)_5Sn$ 层上。对于此时的亚共晶成分焊料，成分变化产生了过冷度 ΔT_1，给 ζ－$(Au, Cu)_5Sn$ 相的生长提供了驱动力，ζ－$(Au, Cu)_5Sn$ 相以细胞状往焊料区生长。钎焊 1 min 后在 AuSn20/Ni 下界面产生片状的 IMC，由于其尺寸较小尚不便测定其组成。

钎焊时间延长至 2 min，Cu/AuSn20 界面的 ζ－$(Au, Cu)_5Sn$ IMC 横向长大，且在焊料内部析出，如图 6－1（b）所示。AuSn20/Ni 界面的 IMC 也向焊料内部延伸生长，其能谱分析如图 6－2（b）所示，由此可知该 IMC 为含少量 Au 和 Cu 的 Ni_3Sn_2，记为 $(Ni, Au, Cu)_3Sn_2$。Ni 和 Au、Cu 也具有相同的晶体结构，而且 Au－Ni－Sn[107]和 Cu－Ni－Sn 的等温截面[134, 135]显示，Ni_3Sn_2 对 Au 和 Cu 的固溶度都很高，因此 Au、Cu 扩散进入 Ni_3Sn_2 中取代部分 Ni 原子，形成 $(Ni, Au, Cu)_3Sn_2$ 相。通过比较上下界面的 IMC 发现，在 Cu 侧的 IMC 中未检测到 Ni，而在 Ni 侧的 IMC 中检测到 Cu。这是因为 Cu 在含 Sn 焊料中的溶解扩散速度比 Ni 快得多[99]，即使在较短的钎焊时间内 Cu 也能快速扩散到 Ni 侧参与界面反应。

由图 6－1（a）和（b）可知，钎焊后焊料内形成的共晶组织有粗、细相区之分

(图中的 X 区和 Y 区)。能谱分析结果表明这两种共晶组织都是含有少量 Cu 和 Ni 的($\zeta - Au_5Sn + \delta - AuSn$)共晶。钎焊时间从 1 min 延长至 2 min，粗共晶组织增多，细共晶组织减少，靠近 Cu 侧的粗共晶组织粗化更明显。这个现象可以用 AuSn20 - Cu 相图的垂直截面来解释[135]，如图 6 - 3 所示。图 6 - 3 中 A 相是 42% Au - 38% Cu - 20% Sn 到 47% Au - 33% Cu - 20% Sn(摩尔分数)相区内的均质三元相。基板金属原子扩散到熔融焊料中，假设焊料的成分沿图 6 - 3 中的虚线变化，钎焊一定时间后成分到达“m”点，则在焊点凝固过程中析出相次序应为：$L + \zeta \rightarrow L + \zeta + \delta \rightarrow \zeta + \delta$。焊点开始凝固时，成分进入 $L + \zeta$ 相区，ζ 初晶以胞状生长。接着熔融焊料成分进入 $L + \zeta + \delta$ 相区，此时有 ζ 和 δ 相同时析出形成 $\zeta + \delta$ 共晶组织。剩余的 L 相进入 $\zeta + \delta$ 相区，析出 $\zeta + \delta$ 共晶，这是平衡共晶反应，形成良好的层状共晶组织，如图 6 - 1(a)和(b)的 Y 区所示。在 $L + \zeta + \delta$ 相区析出的 $\zeta + \delta$ 共晶在后续的凝固过程中不断长大形成粗共晶组织，如图 6 - 1(a)和(b)的 X 区所示，因此焊料中出现粗、细两种共晶组织。

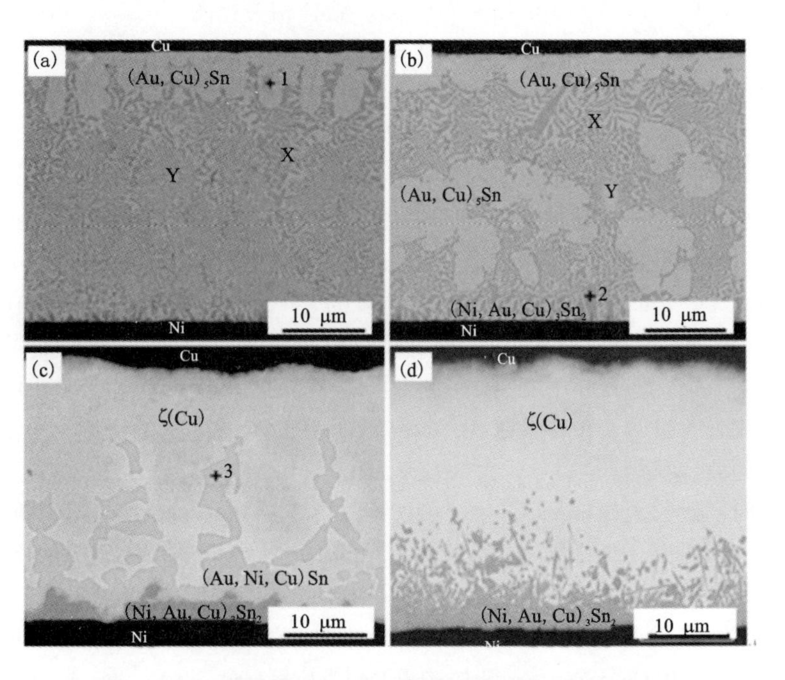

图 6 - 1　不同钎焊时间 Cu/AuSn20/Ni 焊点的 SEM 照片

(a)1 min; (b)2 min; (c)10 min; (d)15 min

Fig. 6 - 1 SEM images of Cu/AuSn20/Ni joints with a different reflow time

(a)1 min; (b)2 min; (c)10 min; (d)15 min

当钎焊时间延长至 10 min 时，焊料中 Cu、Ni 含量增加，焊料成分偏离共晶成分，焊点组织中共晶组织消失。Cu/AuSn20界面形成固溶了Cu的ζ相，记为ζ(Cu)固溶体。AuSn20/Ni界面(Ni, Au, Cu)$_3$Sn$_2$相横向长大形成连续的IMC层，如图6-1(c)所示。图6-1(c)中与(Ni, Au, Cu)$_3$Sn$_2$IMC层相连接的灰色相是(Au, Ni, Cu)Sn，其能谱分析如图6-2(c)所示，由此可以看出Ni$_3$Sn$_2$是δ(AuSn)/Ni界面反应的产物。钎焊过程中，随着钎焊温度升高焊料进入熔融状态，焊料/基板界面转变成液/固界面，此时焊料中原子运动较快，共晶组织形成后，δ(AuSn)迅速往Ni侧迁移，Ni原子(记为[Ni])与δ(AuSn)相发生扩散反应，在高温下Ni在δ(AuSn)中的固溶度较高。当冷却时，δ(AuSn)中[Ni]饱和，Ni$_3$Sn$_2$相在δ(AuSn)/Ni界面形核并长大。随钎焊时间延长，δ(AuSn)中固溶的[Ni]越多，冷却时过饱和度越大，Ni$_3$Sn$_2$就会长得越大。由于Cu、Ni在焊料中的扩散速度都很快，因此焊料δ(AuSn)相转变成(Au, Ni, Cu)Sn，反应析出的IMC Ni$_3$Sn$_2$也转变成(Ni, Au, Cu)$_3$Sn$_2$。

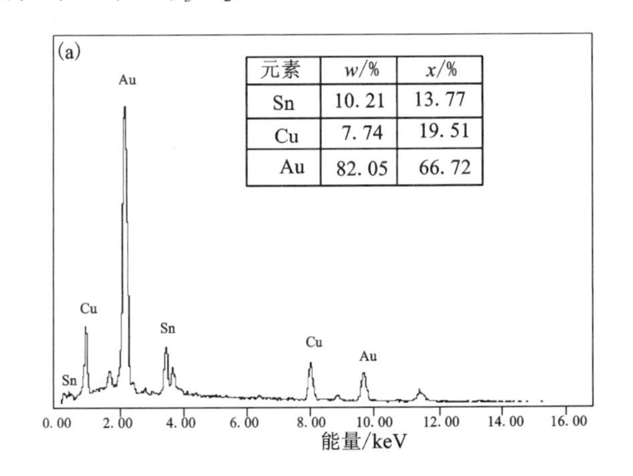

元素	w/%	x/%
Sn	10.21	13.77
Cu	7.74	19.51
Au	82.05	66.72

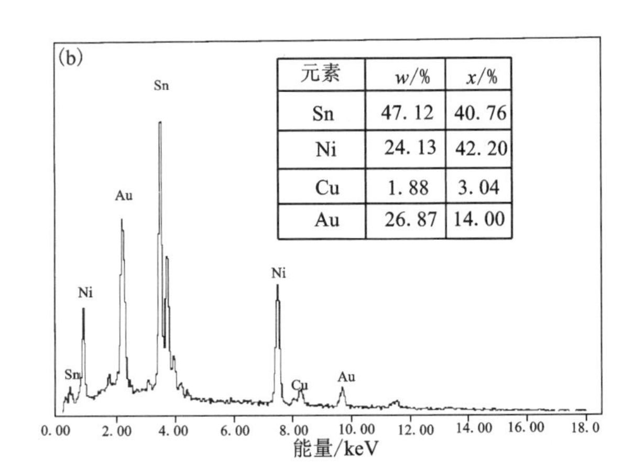

元素	w/%	x/%
Sn	47.12	40.76
Ni	24.13	42.20
Cu	1.88	3.04
Au	26.87	14.00

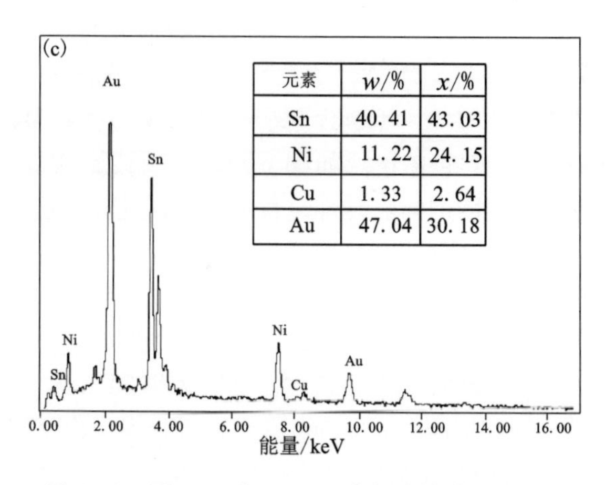

元素	w/%	x/%
Sn	40. 41	43. 03
Ni	11. 22	24. 15
Cu	1. 33	2. 64
Au	47. 04	30. 18

图 6－2　图 6－1 中 1、2、3 点相应的能谱分析

Fig. 6－2 Corresponding EDS analyses for (a) Point 1, (b) Point 2, (c) Point 3 in Fig. 6－1

当钎焊时间延长至 15 min 时，(Au, Ni, Cu)Sn 反应完全，焊点上下界面呈现不同的组织特征。Cu/AuSn20 上界面形成固溶体型的钎焊接头微观组织，而下界面 AuSn20/Ni 界面形成的是 IMC 型钎焊接头微观组织，焊点由 ζ(Cu) 固溶体和 $(Ni, Au, Cu)_3Sn_2$ 相组成，如图 6－1(d) 所示。从 6－1(d) 中可以看出，$(Ni, Au, Cu)_3Sn_2$ IMC 层厚度较均匀，$(Ni, Au, Cu)_3Sn_2$ 相较细小，没有异常长大现象。与焊接 15 min 水冷的单基板 Ni 的焊点结构相比可知(图 4－6)，Cu 的偶合效应可以有效抑制 AuSn20/Ni 界面 IMC 的过分长大。

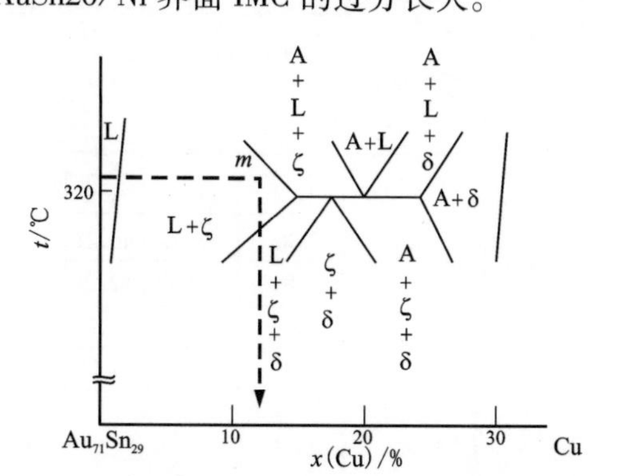

图 6－3　AuSn20－Cu 相图的垂直截面示意图[136]

Fig. 6－3 Schematic illustration of vertical section along AuSn20－Cu phase diagram [136]

6.3.2　钎焊时间对 Cu/AuSn20/Ni 焊点剪切强度的影响

Cu/AuSn20/Ni 焊点的剪切强度随钎焊时间的变化曲线如图 6－4 所示。可见，随着钎焊时间延长，焊点的剪切强度呈先增大后减小的趋势，但是变化的幅度较薄，基本在 45～47 MPa。

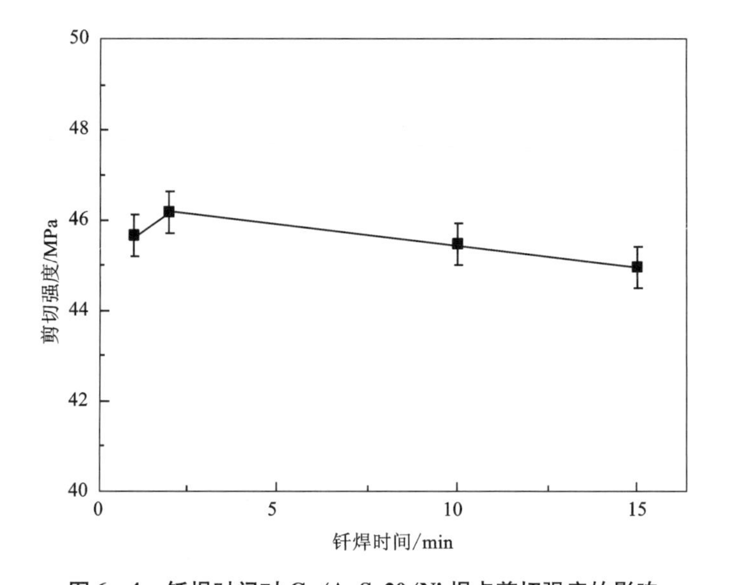

图 6－4　钎焊时间对 Cu/AuSn20/Ni 焊点剪切强度的影响

Fig. 6－4 Effect of the reflow time on the shear strength of the Cu/AuSn20/Ni joints

对 Cu/AuSn20/Ni 焊点的剪切断口形貌进行 SEM 分析如图 6－5 所示。不同钎焊时间的 Cu/AuSn20/Ni 焊点剪切断裂均发生在 AuSn20/Ni 下界面。因为 Cu/AuSn20 上界面形成的是 $\zeta-(Au,Cu)_5Sn$ 固溶体，界面结合强度和塑性都较好；而 AuSn20/Ni 界面形成的是脆硬性的 Ni－Sn 金属间化合物层，是抗剪切的薄弱环节，因此剪切破坏发生在 AuSn20/Ni 界面。从断口形貌上可以看出，随钎焊时间延长 IMC 层晶粒没有明显粗化现象，这与其显微组织形貌是一致的。同时还可以看出随钎焊时间延长断口中的孔隙明显减少，在钎焊 15 min 的断口中还可以看到比较明显的韧窝。断口形貌的变化与钎焊过程中焊料/基板界面的相互润湿和扩散状态有关。在 Cu/AuSn20/Ni 焊点的钎焊过程中，AuSn20 熔化并在毛细管作用下填充两基板间的间隙，然后基板金属原子往焊料中扩散形成固溶体或 IMC，从而牢固钎焊接头。当钎焊时间为 1 min 时，焊料与基体的润湿时间太短，扩散不充分，焊点组织中孔隙较多，在焊点受到外剪切力作用时，孔隙成为裂纹源而导致焊点剪切强度降低。此外，钎焊时间为 1 min 时界面没有形成连续 IMC

层[图 6－5(a)所示]，根据 Shin 的理论[113]，IMC 层厚度薄于临界厚度值，焊点强度较低。随钎焊时间延长，气孔不断排除，钎焊界面充分润湿和扩散，焊点强度不断提高，焊点组织中形成固溶体和 IMC 层，如图 6－1(b)所示。由于组织中的固溶体随钎焊时间的延长而逐渐增多，因此焊点的韧性增强，在剪切断口中形成韧窝，如图 6－5(c)和(d)所示。一般而言，钎焊焊点的剪切强度应该随钎焊时间延长而较大幅度地提高，但是由于钎焊时间延长使焊料流失量增大，而且界面处脆性 IMC 层的厚度逐渐增大，在钎焊时间为 10 min 时增大到大约 1 μm，大于临界厚度 0.2 μm，使剪切强度下降，当钎焊时间延长至 10 min 时，Cu/AuSn20/Ni焊点的剪切强度随钎焊时间的延长反而有轻微的降低。

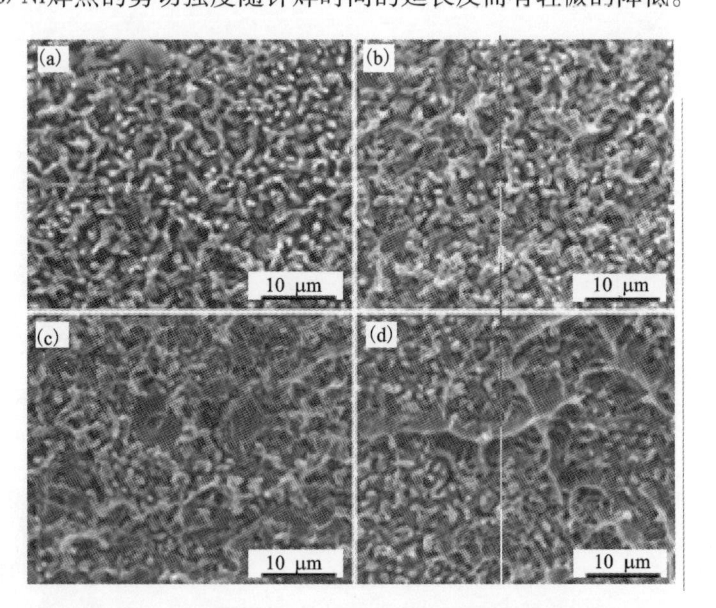

图 6－5　Cu/AuSn20/Ni 焊点钎焊不同时间的断口形貌

(a)1 min；(b) 2 min；(c)10 min；(d)15 min

Fig. 6－5 Fracture surface of the Cu/AuSn20/Ni joints for various reflow times

(a)1 min；(b) 2min；(c)10 min；(d)15 min

对比 Cu/AuSn20/Ni 焊点和 Ni/AuSn20/Ni 焊点的剪切强度可以发现，两种焊点的最大剪切强度对应的钎焊时间并不相同。Cu/AuSn20/Ni 焊点的最大剪切强度对应的钎焊时间为 2 min，而 Ni/AuSn20/Ni 焊点的最大剪切强度对应的钎焊时间为 1 min。从图 6－5 中可以看出，Cu/AuSn20/Ni 焊点的钎焊时间从 1 min 延长到 2 min，剪切强度从 45.6 MPa 升高到 46.2 MPa，增大的幅度较薄。而图 6－1 显示，Cu 往焊料扩散的速率很快，长时间钎焊容易在铜基板产生“铜穿”或完全消耗基板表面 Cu 镀层，使焊点失效。而且长时间钎焊焊料流失，在焊点中产生污染，降低焊点的气密性。综合考虑焊点组织、剪切强度和实用效益，Cu/AuSn20/Ni 焊点的最佳钎焊时间为 1 min。

6.3.3　老化退火对 Cu/AuSn/Ni 焊点显微组织的影响

钎焊 2 min 的 Cu/AuSn20/Ni 焊点在 160℃ 老化退火不同时间的显微组织形貌如图 6 – 6 所示。从图 6 – 6 可以看出，退火 24 h 的焊点组织与钎焊焊点相比，焊料组织由共晶组织转变成为 ζ – (Au, Cu)$_5$Sn 和(Au, Ni, Cu)Sn 两粗化相组成，ζ – (Au, Cu)$_5$Sn 相主要集中在焊料/Cu 上界面，(Au, Ni, Cu)Sn 主要集中在焊料内部和焊料/Ni 下界面，而且上、下两界面都形成很薄一层扩散层，如图 6 – 6(a)所示。该扩散层厚度较薄难以鉴定其成分组成。在 AuSn20/Ni 焊点的基础上，可以判断在下端的焊料/Ni 界面处形成的应该是(Ni, Au)$_3$Sn$_2$ 层。当退火时间延长至 100 h 时，焊料内的组织变化较小，但是上端的焊料/Cu 界面的 IMC 层厚度明显增大，下端焊料/Ni 界面的 IMC 层中底部(Ni, Au)$_3$Sn$_2$ 层基本不变，(Ni, Au)$_3$Sn$_2$ 层上方的(Au, Ni)Sn 层的厚度也较小，如图 6 – 6(b)所示。

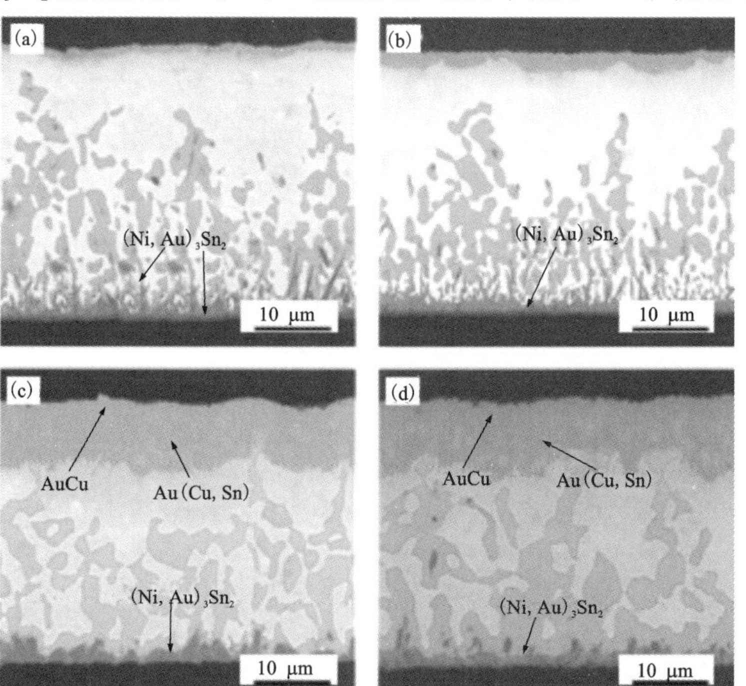

图 6 – 6　Cu/AuSn20/Ni 焊点在 160℃退火不同时间的显微组织形貌

(a) 24 h; (b) 100 h; (c) 300 h; (d) 500 h

Fig. 6 – 6 Microstructure of Cu/AuSn20/Ni joints aging at 160℃ for various times

(a) 24 h; (b) 100 h; (c) 300 h; (d) 500 h

当退火时间延长至 300 h 时，如图 6 – 6(c)所示，两端界面的 IMC 层厚度都明显增大，但是上界面的 IMC 层增大的幅度比下界面大。对上界面的 IMC 层进行放大观察，如图 6 – 7(a)所示，发现焊料/Cu 界面的 IMC 层由两个衬度差距较小的物质层组成，分别对这两物质层进行 EDS 能谱分析，如图 6 – 8 所示。结果显示靠近 Cu 侧的物质层为 AuCu 层，而靠近焊料一侧的物质层中固溶了较高含量的 Sn，而且 Au 与(Cu + Sn)的原子比接近 1∶1，如图 6 – 8(b)所示，该层物质记为 Au(Cu, Sn)层。对下界面的 IMC 层也进行 EDS 能谱分析，得到底层的原子组成为 37.31% Ni – 16.56% Au – 9.18Cu – 36.95% Sn，其中(Ni + Au + Cu)与 Sn 的原子比接近 3∶2，把该物质层记为$(Ni, Au, Cu)_3Sn_2$。而焊料中的灰色相原子组成为 33.39% Au – 15.81% Ni – 6.20% Cu – 44.60% Sn，其中(Ni + Au + Cu)与 Sn 的原子比接近 1∶1，该相为(Au, Ni, Cu)Sn。

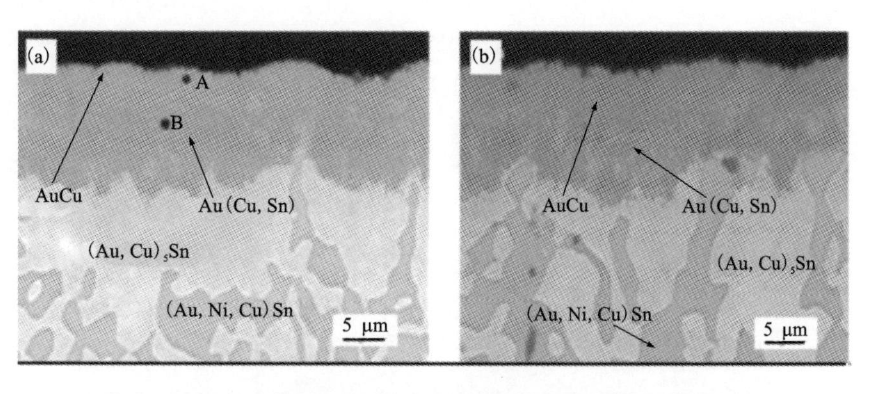

图 6 – 7 Cu/AuSn20/Ni 焊点 160℃退火不同时间时上界面放大图

(a) 300 h; (b) 500 h

Fig. 6 – 7 Magnify images of the upper interface of Cu/AuSn20/Ni joints aging at 160℃ for various times

通过对比可以发现，在焊料/Cu 界面的 IMC 层中没有 Ni 原子，而在焊料/Ni 界面的 IMC 层中含有较高含量的 Cu 原子，表明在老化退火过程中焊点上界面 Cu 原子穿过焊料到下界面，并参与下界面的界面反应，形成焊点的耦合界面反应。此外，靠近 Ni 的$(Ni, Au, Cu)_3Sn_2$层比靠近 Cu 的(Au, Ni, Cu)Sn 中具有更高含量的 Cu 原子。

当退火时间延长至 500 h 时，如图 6 – 6(d)所示，上下界面的 IMC 层总厚度与退火 300 h 时的厚度相比增大幅度较薄。但是从上界面的放大图[图 6 – 7(b)]中可以发现，AuCu 层的厚度明显增大，下界面$(Ni, Au)_3Sn_2$层比退火 300 h 时更平整，而 Au(Cu, Sn)层厚度增大。与图 4 – 18 中 160℃退火的 Ni/AuSn20/Ni 焊点相比，焊料/Ni 界面的 IMC 厚度明显小，表明参与耦合界面反应的 Cu 对 Ni –

Sn金属间化合物的生长起抑制作用。

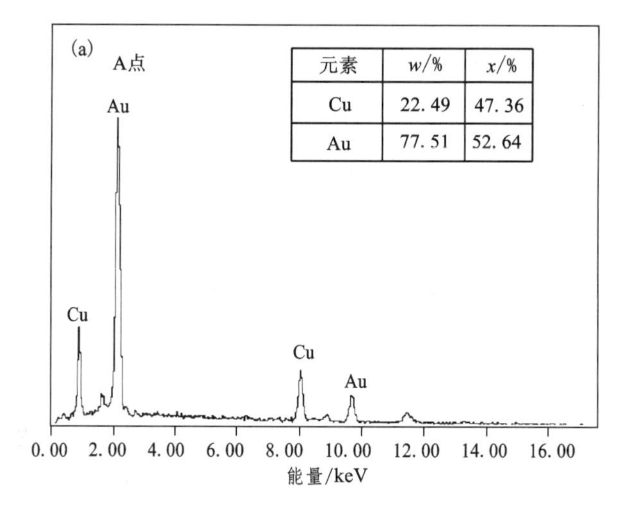

元素	w/%	x/%
Cu	22.49	47.36
Au	77.51	52.64

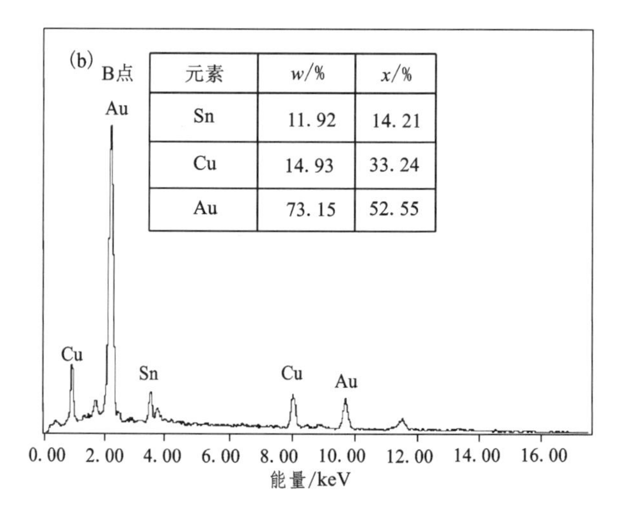

元素	w/%	x/%
Sn	11.92	14.21
Cu	14.93	33.24
Au	73.15	52.55

图6－8　图6－7中A、B点的EDS能谱分析图谱

Fig. 6－8 EDS pattern for the A and B points in Fig. 6－7

从图6－8(c)和(d)可见，(Au，Ni，Cu)Sn并没有形成物质层沉积在(Ni，Au，Cu)$_3$Sn$_2$层上方，而是零散分布在焊料内部，这与在160℃退火的Ni/AuSn20/Ni焊点的组织存在较大差异。在Ni/AuSn20/Ni焊点中Ni往焊料扩散优先与δ(AuSn)相反应生成(Au，Ni)Sn相，因此δ(AuSn)往焊料/Ni界面迁移的驱动力较大。(Ni，Au)$_3$Sn$_2$是在(Au，Ni)Sn相Ni饱和的基础上析出的，(Ni，Au)$_3$Sn$_2$层的长大消耗焊料中的(Au，Ni)Sn相。当退火时间长达300h时，

(Ni, Au)$_3$Sn$_2$ 层的厚度达到一定程度后对 Ni 的扩散起一定的阻碍作用，界面扩散速度降低，(Au, Ni)Sn 相中的 Ni 有足够时间充分扩散，难以达到过饱和状态。不饱和的(Au, Ni)Sn 相就保留在(Ni, Au)$_3$Sn$_2$ 层上方继续吸收 Ni，形成连续扩散层。但是在 Cu/AuSn20/Ni 焊点中，Cu 也在钎焊和退火过程中快速往 δ(AuSn)中扩散形成三元或四元化合物，由于 Cu、Ni 晶体结构较接近，因此溶解了 Cu 的 δ(AuSn)相的嗜 Ni 性会减弱，δ(AuSn)往焊料/Ni 界面迁移的驱动力也降低。此外，由于 Cu 的抑制作用，Ni 在 AuSn20 焊料中的扩散速度也降低，当(Au, Ni)Sn 相往界面扩散与 Ni 反应时，其扩散速率减小，而且(Au, Ni)Sn 与 Cu、Ni 的反应同时进行，受两界面吸引力的同时作用，因此(Au, Ni)Sn 难以在(Ni, Au)$_3$Sn$_2$ 层上方沉积形成严格的层状组织。

Cu/AuSn20/Ni 焊点在退火过程中，Cu 往(Au, Ni)Sn 和(Ni, Au)$_3$Sn$_2$ 相中扩散的原理与 Ni、Au 往 AuSn 和 Ni$_3$Sn$_2$ 相的扩散是一致的，因为 Cu 与 Ni、Au 具有相同的面心立方结构，而且在元素周期表中与 Ni 相近，与 Au 同为 IB 族，所以 Cu 容易往(Au, Ni)Sn 和(Ni, Au)$_3$Sn$_2$ 相中扩散，替代部分 Au、Ni 原子形成四元化合物(Au, Ni, Cu)Sn 和(Ni, Au, Cu)$_3$Sn$_2$。

退火相同的时间后，(Au, Ni, Cu)Sn 层和(Ni, Au, Cu)$_3$Sn$_2$ 层的 Cu 含量存在一定的差距，而且靠近 Cu 层的(Au, Ni, Cu)Sn 层中 Cu 含量比靠近 Ni 的(Ni, Au, Cu)$_3$Sn$_2$ 层低，产生这种现象的原因应该是由于(Au, Ni)Sn 和(Ni, Au)$_3$Sn$_2$ 两相对 Cu 的溶解度有差异引起的。一般而言，原子半径接近的两个原子比半径差距大的原子更容易发生置换。因为原子半径差距大时，置换反应引起较大的晶格畸变，使体系自由能增大，所以置换反应难以进行。Cu 的原子半径为 1.57×10^{-10}m，Ni 的原子半径为 1.62×10^{-10}m，Au 的原子半径为 1.79×10^{-10}m。Cu 的原子半径比 Ni、Au 的原子半径小，在往 (Au, Ni)Sn 和(Ni, Au)$_3$Sn$_2$ 扩散时，随着 Cu 含量的增加(Au, Ni)Sn 和(Ni, Au)$_3$Sn$_2$ 的晶格常数逐渐减小。但是 Cu 和 Ni 的原子半径差比与 Au 的原子半径差小，在相同的热力学条件下 Cu 更容易往(Ni, Au)$_3$Sn$_2$ 扩散替代 Ni，往(Au, Ni)Sn 中扩散替代 Au 的反应速度相对较小。因此在相同温度下退火相同时间后，(Ni, Au)$_3$Sn$_2$ 层中的 Cu 含量比(Au, Ni)Sn 层中的 Cu 含量高。

6.3.4 老化退火对 Cu/AuSn/Ni 焊点剪切强度的影响

Cu/AuSn20/Ni 焊点的剪切强度随退火时间的变化曲线如图 6－9 所示。可见，随退火时间延长，焊点的剪切强度逐渐降低，退火时间在 0 h 到 300 h 的范围内焊点剪切强度下降的速度最快，而在 300 h 到 1000 h 之间基本保持不变。与 Ni/AuSn20/Ni 焊点在 160℃老化退火时剪切强度的变化曲线相比较可知，在老化退火过程中 Cu/AuSn20/Ni 焊点的剪切强度下降的速度比 Ni/AuSn20/Ni 焊点快，钎焊后两种焊点的剪切强度比较接近，当退火时间超过100 h时，Cu/AuSn20/Ni焊点的强度已明显比Ni/AuSn20/Ni焊点的强度低。当退火时间大于300 h时，Ni/AuSn20/Ni焊点的剪切强度还在缓慢下降，而Cu/AuSn20/Ni焊点的强度基本保持不变。

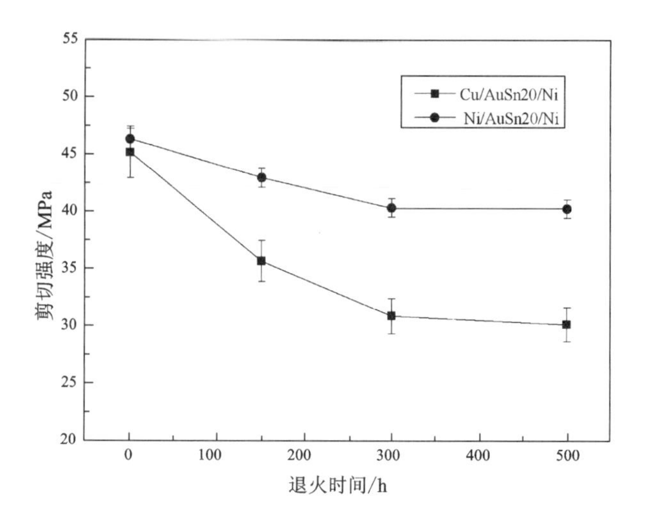

图6－9　Cu/AuSn20/Ni焊点的剪切强度随退火时间的变化曲线

Fig. 6－9 Effects of the aging time on shear strength of Cu/AuSn20/Ni joints

Cu/AuSn20/Ni焊点在160℃老化退火300 h后的剪切断口形貌如图6－10所示。可见，焊点的断裂发生在上界面Cu侧，断口形貌上有部分不连续波浪形韧窝，该部位是Cu/AuCu界面，发生了韧性断裂。但是断裂韧窝在断口形貌上零散分布，表明Cu/AuCu界面之间的连接有脱层现象。这是AuCu层的异常长大引起的。类似的现象在电子封装的无铅焊接中也有发现。Yoon等[104]认为，在Sn－Zn焊料与Cu/Au/Ni钎焊的焊点中，$AuZn_8$ IMC层的异常长大会导致焊点的导电、导热性能下降，而对焊点的力学可靠性产生不利影响，使界面产生脱层。

由图6－10还知，Cu/AuSn20/Ni焊点的剪切断裂还有部分发生在AuCu层和Au(Cu，Sn)/焊料界面，裂纹垂直穿过AuCu层，沿Au(Cu，Sn)/焊料界面延伸扩展直至断裂。该断口形貌没有韧窝，而是颗粒状断口，断裂模式是脆性断裂。在160℃老化退火300 h的Ni/AuSn20/Ni焊点剪切断裂发生在Ni－Sn化合物层，其剪切强度比Cu/AuSn20/Ni焊点高。这表明Ni－Sn化合物的强度比Cu的化合物层高，在Ni、Cu两界面的焊点中剪切断裂发生在Cu侧。

Cu/AuSn20/Ni焊点在160℃退火时间超过300 h后，焊点的剪切强度基本保持不变。这意味着焊点退火时间超过300 h后IMC层的厚度增长对焊点的剪切强

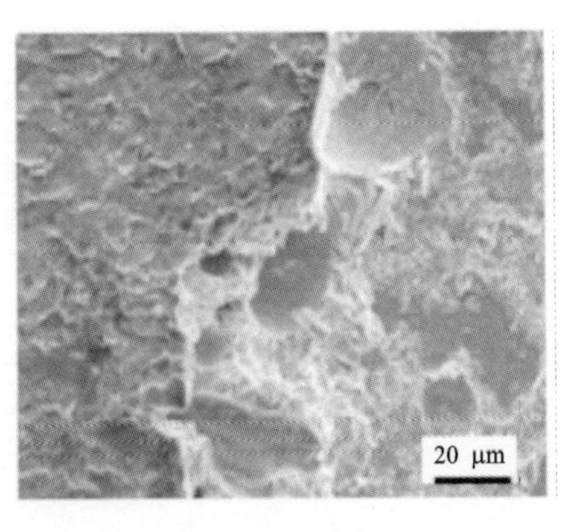

图 6－10　Cu/AuSn20/Ni 焊点在 160℃老化退火 300 h 后的剪切断口形貌

Fig. 6－10 Fracture surface of Cu/AuSn20/Ni joint aged at 160℃ for 300 h

度影响不大。在 Cu/AuSn20/Ni 焊点的可靠性评估中，焊点在 160℃退火 300h 时 Cu－Au－Sn IMC 层达到的厚度是必须避免的。Cu 的耦合反应虽然抑制了 Ni－Sn 化合物层的长大，但是从上界面 Cu 侧 IMC 层上看，Cu－Au 和 Cu－Au－Sn 化合物层的生长速度比 Ni－Sn 化合物更快。因此，为了更好地指导 AuSn20 焊料的实际应用，耦合焊点的 IMC 层在老化退火过程的生长行为是必要的。

6.4　Cu/AuSn20/Ni 焊点 IMC 层的生长

6.4.1　AuSn20/Ni 界面 IMC 层的生长动力学

Cu/AuSn20/Ni 焊点中的 IMC 层包括上界面的 AuCu 层、Au(Cu, Sn)层；下界面的(Ni, Au, Cu)$_3$Sn$_2$ 层和(Au, Ni, Cu)Sn 层。下界面的(Au, Ni, Cu)Sn 层没有明显的层状边界线，利用 IPP 专业图像分析软件计算层厚度时，计算值与实验值误差较大。因此下界面的 IMC 层厚度计算只选(Ni, Au, Cu)$_3$Sn$_2$ 层。(Ni, Au, Cu)$_3$Sn$_2$ IMC 层厚度随退火温度和退火时间的变化如图 6－11 中各点所示。

可见，IMC 层厚度的对数与退火时间的对数呈近似线性关系，而且随退火时间的增大而增大。由于测量误差、实验误差等方面的因素，实测的 IMC 层厚度的对数与退火时间对数没有呈严格的直线关系。为了归纳 IMC 层的生长规律，对实测 IMC 层厚度 l 的值与退火时间的关系进行拟合(图 6－11)。实测点基本落在直线上或在直线周围，可以认为 IMC 层的厚度 l 与退火时间的关系曲线近似等于拟合直线，即 *AuSn*20/Ni 界面(Ni，Au，Cu)$_3$Sn$_2$ 层的生长遵循式(5－2)。在 200℃、160℃和 120℃退火时 IMC 层生长比例系数 k 和幂指数 n 的值如图 6－11 右下角方框处所示。随退火温度升高，比例系数 k 逐渐增大，而幂指数 n 逐渐减小，且 n 的值都在 1/2 到 1 的范围内。这表明(Ni，Au，Cu)$_3$Sn$_2$ 层的生长遵循反应扩散控制机制。

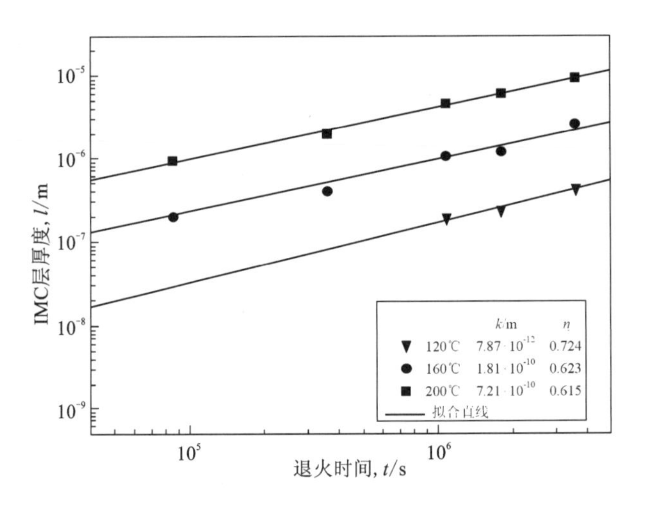

图 6－11　AuSn20/Ni 下界面 IMC 层的厚度随退火时间和温度的变化

Fig. 6－11 The thickness l of the IMC layer vs. the aging temperature and time for the AuSn20/Ni lower interface

IMC 层的生长符合扩散控制机制，比例系数 k 与退火温度 T 的关系符合 Arrhenius 公式[118]。通过计算得出 Cu/AuSn20/Ni 焊点中(Ni，Au，Cu)$_3$Sn$_2$ 层的生长的指数前因子 k_0 和激活焓 Q_k 分别为 2.29 m^2/s 和 86.72 kJ/mol。

6.4.2　Cu/AuSn20 界面 IMC 层的生长动力学

Cu/AuSn20/Ni 焊点的上界面 IMC 层包括 AuCu 和 Au(Cu，Sn)层。焊点在 120℃、160℃和 200℃退火时各物质层随退火时间的变化如图 6－12 所示。图 6－12中(a)、(b)、(c)分别表示焊点在 120℃、160℃、200℃退火时界面 AuSn20/Cu IMC 层随退火时间延长的变化曲线。在 120℃退火时，界面 AuCu 层、Au(Cu，Sn)层和总 IMC 层的厚度退火时间延长逐渐长大，而且生长机制为扩散生长机制，如图 6－12(a)所示。AuCu 层、Au(Cu，Sn)层和总 IMC 层生长的幂指数均为 0.483，接近 1/2。由此可知，AuSn20/Cu 界面 IMC 层生长机制为体积扩散机制。

在 160℃和 200℃时，相同温度下 AuCu 层、Au(Cu，Sn)层和总 IMC 层生长

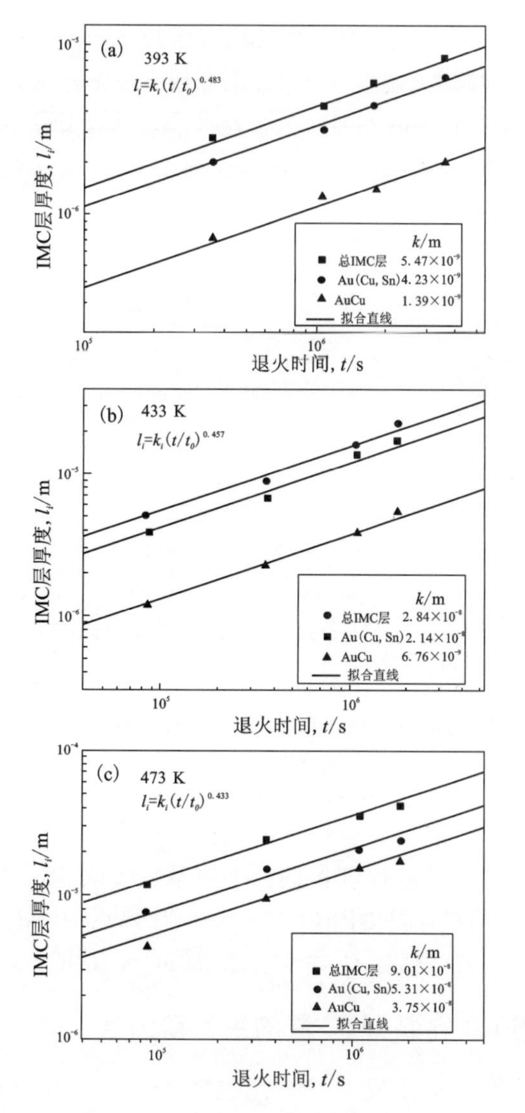

图 6 – 12　不同退火温度下 AuSn20/Cu 上界面 IMC 层厚度随退火时间的生长

(a)120℃；(b)160℃；(c)200℃

Fig. 6 – 13 The thickness of the IMC layer vs. the aging time for the AuSn20/Ni lower interface at various aging temperature

的幂指数相同，表明 IMC 层生长机制相同。随温度升高，界面 AuCu 层、Au(Cu, Sn)层和总 IMC 层的厚度都逐渐增大。在相同退火温度下，Au(Cu, Sn)层的比例系数比 AuCu 层大，表明退火温度相同时 Au(Cu, Sn)层的生长速率比

AuCu层快。这是因为Au(Cu, Sn)层与焊料相连，参与扩散的Sn来自于焊料，所以生长速度较快。而AuCu层的生长要消耗焊料中的Au，且Au与Cu的互扩散穿过IMC层，导致扩散速度减小，因此AuCu层的生长较缓慢。

由图6－13还可知，IMC层生长的幂指数随退火温度的升高逐渐降低。温度由120℃升高至200℃，幂指数n从0.483降到0.433。这表明AuSn20/Cu界面在120℃退火时界面扩散以体积扩散为主；在200℃时界面扩散转变为多种扩散机制同时作用。由n值介于1/3和1/2之间可知，在200℃时界面IMC层的生长过程中，界面发生的同时随伴有晶界扩散。

界面扩散机制的转变将引起IMC层生长行为的变化，因此IMC层生长比例系数随退火温度的变化而改变。AuSn20/Cu上面各物质层生长的比例系数k随退火温度升高而变化的曲线如图6－14所示。可见，比例系数k随退火温度的倒数T^{-1}的增大而减小，即k随退火温度升高而增大，且AuCu层的生长比例系数增大的幅度比Au(Cu, Sn)层的幅度较大。这是由于Au(Cu, Sn)层的生长依赖于AuCu层，因此Au(Cu, Sn)层的生长速度增大的幅度比AuCu小。

比例系数k随T^{-1}的变化趋势基本符合式(6－1)，通过拟合直线可以计算k_0和Q_k的值。AuCu的激活焓Q_k为63.40kJ/mol，远大于Au(Cu, Sn)的激活焓49.16 kJ/mol。因为Au(Cu, Sn)是AuCu与焊料界面反应的产物，Au(Cu, Sn)层是在AuCu层的基础上生长的，所以激活能较小。

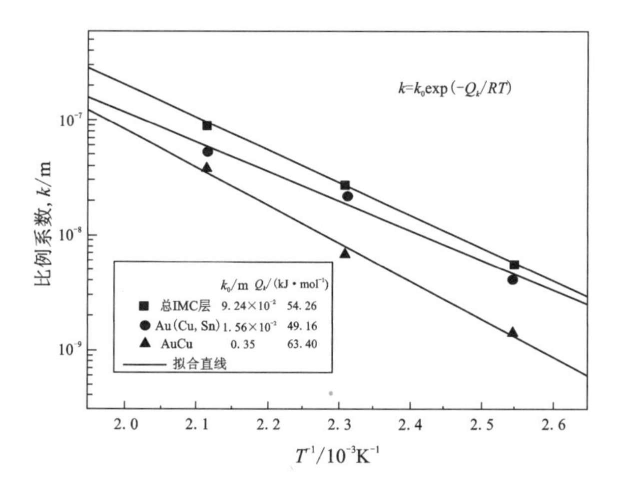

图6－13　AuSn20/Cu界面各IMC层k随T^{-1}的变化曲线

Fig. 6－14 The proportionality coefficient k vs. the reciprocal of aging temperature T for the IMC layers at Cu/AuSn20 upper interface

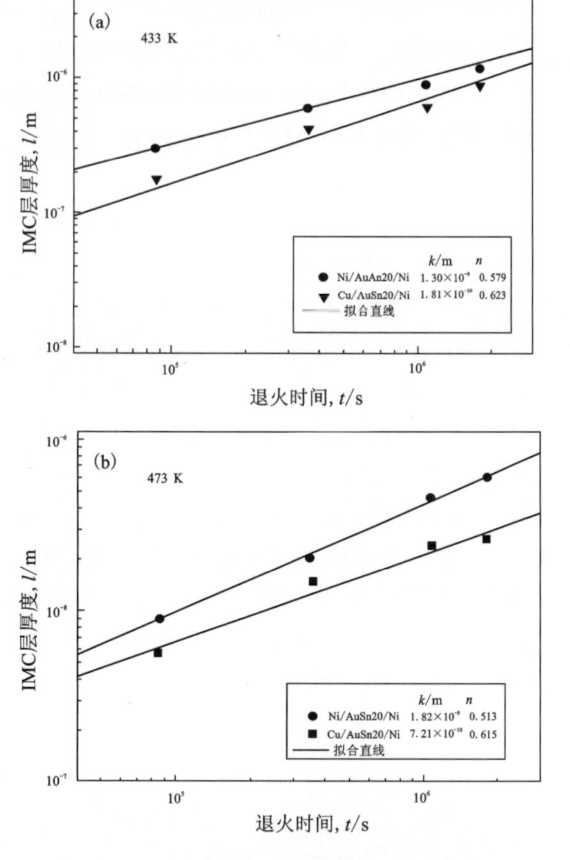

图 6－14　Ni/AuSn20/Ni 和 Cu/AuSn20/Ni 焊点在不同退火温度下(Ni, Au)$_3$Sn$_2$ 层和(Ni, Au, Cu)$_3$Sn$_2$ 层厚度随退火时间的变化

(a)160℃；(b)200℃

Fig. 6－14 The thickness of(Ni, Au)$_3$Sn$_2$ and (Ni, Au, Cu)$_3$Sn$_2$ layers vs. the aging time for Ni/AuSn20/Ni and Cu/AuSn20/Ni joints aged at various temperature

(a)160℃；(b)200℃

6.5　耦合反应对 IMC 层生长动力学的影响

Ni/AuSn20/Ni 焊点与 Cu/AuSn20/Ni 焊点的焊料/Ni 界面分别形成(Ni, Au)$_3$Sn$_2$ 层和(Ni, Au, Cu)$_3$Sn$_2$ 层。Cu/AuSn20/Ni 焊点中钎料/Ni 界面处(Ni, Au, Cu)$_3$Sn$_2$ 层在 160℃和 200℃的生长动力学方程为：

$$l_{160} = 1.81 \times 10 - 10(t/t_0)0.623 \qquad (6-1)$$

$$l_{200} = 7.21 \times 10 - 10(t/t_0)0.615 \tag{6-2}$$

而Ni/AuSn20/Ni焊点中钎料/Ni界面处$(Ni, Au)_3Sn_2$层的生长动力学方程式为:

$$l_{160} = 1.30 \times 10 - 9(t/t_0)0.579 \tag{6-3}$$

$$l_{200} = 1.82 \times 10 - 9(t/t_0)0.513 \tag{6-4}$$

两IMC层厚度随退火时间和退火温度的变化曲线如图6－14所示。在Ni/AuSn20/Ni焊点中，焊料/Ni界面的$(Ni, Au)_3Sn_2$层生长比例系数比Cu/AuSn20/Ni焊点的$(Ni, Au, Cu)_3Sn_2$层大一个数量级。焊点在160℃退火0 h到500 h时，前者的厚度比后者的大。可见，Cu的存在可以抑制$(Ni, Au)_3Sn_2$层的生长。IMC层厚度的增大对焊点的力学性能、热性能以及电性能等都存在不利影响。因此，在AuSn20焊点的实际应用中，可以引入含Cu的复合镀层来抑制IMC层的异常长大。

图6－14(b)所示为Ni/AuSn20/Ni和Cu/AuSn20/Ni焊点在200℃退火时$(Ni, Au)_3Sn_2$层和$(Ni, Au, Cu)_3Sn_2$层随退火时间延长的生长情况。与160℃相比，两个界面的$(Ni, Au)_3Sn_2$层和$(Ni, Au, Cu)_3Sn_2$层基本不变，且IMC层生长的比例系数均随退火温度升高而增大，但幂指数随退火温度升高而减小。图6－15(a)和(b)中$(Ni, Au)_3Sn_2$层和$(Ni, Au, Cu)_3Sn_2$层随退火时间的生长曲线的斜率明显不同。这表明在Ni/AuSn20/Ni和Cu/AuSn20/Ni焊点中，IMC层的生长机制不相同。

在160℃时，$(Ni, Au)_3Sn_2$层和$(Ni, Au, Cu)_3Sn_2$层的生长机制均以反应扩散为主，厚度的生长速度取决于IMC层的组元元素扩散到反应位置的速率。在200℃时，$(Ni, Au, Cu)_3Sn_2$层依然以反应扩散为主，其幂指数基本不变。然而，此时的$(Ni, Au)_3Sn_2$层的生长受元素到达反应界面的体积扩散所控制。随着退火时间的继续延长，界面处形成上、下两个IMC层，对元素的体积扩散起阻碍作用。因此，$(Ni, Au)_3Sn_2$层的生长越来越难，其生长的幂指数明显降低，由160℃的0.579下降到200℃的0.513。

6.6 本章小结

①Cu/AuSn20/Ni焊点在310℃钎焊1 min，Cu/AuSn20上界面形成胞状的$\zeta-(Au, Cu)_5Sn$相；AuSn20/Ni下界面形成片状$(Ni, Au, Cu)_3Sn_2$ IMC。随着钎焊时间延长，基板的Cu、Ni原子不断往熔融焊料中扩散，焊点共晶组织消失。Cu/AuSn20界面形成$\zeta(Cu)$固溶体，AuSn20/Ni界面的片状$(Ni, Au)_3Sn_2$不断长大形成连续IMC层，焊点组织最终由$\zeta(Cu)$固溶体和$(Ni, Au)_3Sn_2$ IMC组成。

②Cu/AuSn20/Ni钎焊焊点的室温剪切强度随钎焊时间的延长而逐渐增大，

但是增大幅度较薄；剪切断裂发生在焊料/Cu 一侧。

③在老化退火过程中，Cu/AuSn20/Ni 焊点的上界面形成 AuCu 和 Au(Cu, Sn)复合 IMC 层，下界面形成$(Ni, Au, Cu)_3Sn_2$四元 IMC 层。上界面的 Cu 原子扩散穿过焊料到达下界面参与耦合反应。

④Cu/AuSn20/Ni 焊点中 Cu 的耦合作用可以抑制$(Ni, Au)_3Sn_2$层的生长。Cu/AuSn20 上界面 AuCu 层和 Au(Cu, Sn)层的生长机制为体积扩散，而 AuSn20/Ni 下界面$(Ni, Au, Cu)_3Sn_2$层的生长机制以反应扩散为主。上下界面 IMC 层生长的比例系数 k 随退火温度升高而增大，但幂指数 n 随退火温度升高而减小。

参考文献

[1] Abtew M, Selvaduray G. Lead-free solder in microelectronics [J]. Materials Science and Engineering R, 2000, 27: 95 - 141.
[2] 石素琴, 董占贵, 钱乙余. 软焊接焊料的最新发展动态[J]. 电子工艺技术, 2000, 21(6): 231 - 234.
[3] 中国电子学会电子制造与封装技术分会,《电子封装技术》丛书编委会. 电子封装工艺设备 [M]. 北京: 化学工业出版社, 2012.
[4] 田民波. 电子封装技术[M]. 北京: 清华大学出版社, 2003.
[5] 孙忠贤. 电子化学品[M]. 北京: 化学工业出版社, 2001.
[6] 史耀武, 夏志东, 陈志刚等. 电子组装焊料研究的新进展[J]. 电子工艺技术, 2001, 22(4): 139 - 143
[7] Dongkai S 著. Lead-free solder interconnect reliability [M]. 刘建影, 孙鹏译. 北京: 电子工业出版社, 2008.
[8] Bath J, Handwerker C, Bradley E. Lead-free solder alternatives [J]. Circuits Assembly, 2000, 5: 31 - 40.
[9] 黄铂. 高、中、低温无铅焊料[J]. 现代工业经济和信息化, 2015, 88(4): 61 - 62.
[10] (美) 霍华德, 卡里-斯科特, 黑尔策. 现代焊接技术[M]. 北京: 化学工业出版社, 2010.
[11] Richards B P. Lead-free legislation [S]. UK: National Physical Laboratory, 2002.
[12] Tummala R R 著. 微系统封装基础[M]. 黄庆安, 唐洁影译. 南京: 东南大学出版社, 2004.
[13] 崔大田. 中温共晶焊料箔带制备及其相关基础研究[D]. 长沙: 中南大学, 2008.
[14] Shangguan D, Achari A. Evaluation of lead-free eutectic Sn-Ag solder for automotive electronics packaging applications[C]. Institute of Electrical and Electronic Engineers: Proceeding of the International Electronics Manufacturing Technology Symposium, Michigan: Michigan State University, 1994: 25 - 37.
[15] Shangguan D, Achari A. Lead-free solder development for automotive electronics packaging applications[C]. Proceeding of the Surface Mount International Conference, San Jose, CA, 1995: 423 - 428.
[16] Jeong W Y, Seung B J. Investigation of interfacial reaction between Au-Sn solder and Kovar for hermetic sealing application [J]. Microelectronic Engineering, 2007, 84: 2634 - 2639.
[17] Kim J S, Lee C C. Fluxless Sn-Ag bonding in vacuum using electroplated layers [J]. Materials Science and Engineering A, 2007, 448: 345 - 350.
[18] Chao B, Chae S H, Zhang X F, et al. Investigation of diffusion and electromigration parameters

for Cu-Sn intermetallic compounds in Pb-free solders using simulated annealing [J]. Acta Materialia, 2007, 55: 2805 - 2810.

[19] Chen C M, Chen S W. Electromigration effect upon the Sn/Ag and Sn/Ni interfacial reactions at various temperatures [J]. Acta Materialia, 2002, 50: 2461 - 2469.

[20] Tang W M, He A Q, Liu Q, et al. Fabrication and microstructures of Sequentially electroplated Sn-rich Au-Sn Alloy solders[J]. Journal of Electronic Materials, 2008, 37: 837 - 844.

[21] Chung H M, Chen C M, Lin C P, et al. Microstructural evolution of the Au - 20% Sn solder on the Cu substrate during reflow[J]. Journal of Alloys and Compounds, 2009, 485: 219 - 224.

[22] 周涛, 汤姆·鲍勃, 马丁·奥德等. 金锡焊料及其在电子器件封装领域中的应用[J]. 电子与封装, 2005, 5 (8): 5 - 8.

[23] 刘泽光, 陈登权, 罗锡明等. 微电子封装用金锡合金焊料[J]. 贵金属, 2005, 26 (1): 62 - 65.

[24] 罗雁波, 谢宏潮, 李敏. 金锡合金焊料研究现状[J]. 有色金属, 2002, 54 (7): 23 - 26.

[25] Ciulik J, Notis M R. The Au-Sn phase diagram [J]. Journal of Alloys and Compounds, 1993, 191 (1): 71 - 78.

[26] Paul Goodman. Current and future uses of gold in electronics [J]. Gold Bull, 2002, 35 (1): 21 - 28.

[27] 刘泽光, 陈登权, 罗锡明等. 金锡焊料性能及应用[J]. 电子与封装, 2004, 4(2): 24 - 26.

[28] Beranek M W, Rassaian M, Tang C H. Characterization of 63Sn37Pb and 80Au20Sn solder sealed optical fiber feedthroughs subjected to repetitive thermal cycling [J]. IEEE Transactions on Advanced Packaging, 2001, 24(4): 576 - 585.

[29] Kuang J H, Sheen M T, Chang C F H, et al. Effect of temperature cycling on joint strength of PbSn and AuSn solders in laser packages [J]. IEEE Transactions on Advanced Packaging, 2001, 24(4): 563 - 568

[30] 金文哲, 南宫正, 李基安等. 金锡共晶合金焊料的制造方法. 韩国, KR10 - 0593680[P], 2006 - 4 - 27.

[31] 金文哲, 南宫正, 李基安等. 高韧性条带状金锡共晶合金焊料制造方法. 韩国: KR10 - 0701193[P], 2006 - 10 - 15.

[32] Tokuriki H C L. Production of gold-tin type alloy brazing filler metal. Japan: JP58 - 100993A [P], 1983 - 6 - 15.

[33] Coad B C. , Attleboro M. Low-melting point materials and method of their manufacture. United States: US3181935A[P], 1965 - 5 - 4.

[34] 刘泽光, 罗锡明, 陈登权等. 金锡焊料制造方法. 中国: CN1066411A[P], 1992 - 4 - 9.

[35] 刘泽光, 陈登权, 许昆等. D-KH 法制备金锡合金的组织与结构[J]. 贵金属, 2005, 26 (3): 30 - 33.

[36] Tanaka S. The method of manufacturing gold and tin foil by using the material we have. Japan: JP2005113245[P], 2005 - 12 - 22.

[37] Citowsky E L. Gold-tin eutectic bonding method structure. United States: US 4875617[P], 1989-10-24.

[38] Laurila T, Vuorinen V, Kivilahti J K. Interfacial reactions between lead-free solders and common base materials [J]. Materials Science and Engineering R, 2005, 49: 1-60.

[39] Chuang R W, Kim D W, Park J, et al. A fluxless process of producing tin-rich gold-tin joints in air [J]. IEEE Transactions on Components and Packaging Technologies, 2004, 27(1): 177-181.

[40] Liu Y Y, Premachandran C S, Yoon S W, et al. Characterization of AuSn solder in laser die attachment for photonic packaging applications [C]. Electronics Packaging Technology Conference, Singapore: IEEE, 2007: 370-373.

[41] Matijasevic G S, Lee C C, Wang C Y. Au-Sn alloy phase diagram and properties related to its use as a bonding medium [J]. Thin Solid Films, 1993, 223 (2): 276-287.

[42] Thang T S, Decai S, Koay H K, et al. Characterization of Au-Sn eutectic die attach process for optoelectronics device [J]. Electronics Materials and Packaging, 2005: 118-124.

[43] Ivey D G. Microstructural characterization of Au/Sn solder for packaging in optoelectronic applications [J]. Micron, 1998, 29(4): 281-287.

[44] Lee C Y, Lin K L. Interaction kinetics and compound formation between electroless Ni-P and solder [J]. Thin Solid Films, 1994, 249(2): 201-206.

[45] Zakel E, Teutsch T. A roadmap to low cost bumping for DCA, COF, CSP and BGA[C]. Twenty-Second IEEE/CPMT International: Electronics Manufacturing Technology (IEMT) Symposium, Berlin, Germany, 1998: 55-62.

[46] Liu P L, Xu Z, Shang J K. Thermal stability of electroless-nickel/solder interface part A[J]. Interfacial Chemistry and Microstructure, 2000, 31(11): 2857-2866.

[47] Jang J W, Kim P G, Tu K N, et al. Solder reaction-assisted crystallization of electroless Ni-P under bump metallization in low cost flip chip technology [J]. Journal of Applied Physics, 1999, 85(12): 8456-8463.

[48] Yoon J W, Noh B I, Jung S B. Interfacial reaction between Au-Sn solder and Au/Ni-metallized Kovar [J]. Journal of Materials Science: Materials Electronic, 2011, 22: 84-90.

[49] Yoon J W, Chun H S, Jung S B. Correlation between interfacial reactions and shear strengths of Sn-Ag-(Cu and Bi-In)/ENIG plated Cu solder joints [J]. Materials Science and Engineering A, 2008, 483-484: 731-734.

[50] Yoon J W, Moon W C, Jung S B. Interfacial reaction of ENIG/Sn-Ag-Cu/ENIG sandwich solder joint during isothermal aging [J]. Microelectronic Engineering, 2006, 83: 2329-2334.

[51] Lee C H, Wong Y M, Doherty C, et al. Study of Ni as a barrier metal in AuSn soldering application for laser chip/submount assembly [J]. Journal of Applied Physics, 1992, 72(8): 3808-3815.

[52] Song H G, Ahn J P, Morris J W. The microstructure of eutectic Au-Sn solder bumps on Cu/electroless Ni/Au [J]. Journal of Electronic Materials, 2001, 30(9): 1083-1087.

[53] Yoon J W, Chun H S, Jung S B. Liquid-state and solid-state interfacial reactions of fluxless-bonded Au - 20Sn/ENIG solder joint [J]. Journal of Alloys and Compounds, 2009, 469: 108 - 115.

[54] 陈柳. SMT 焊点的热疲劳可靠性研究[D]. 上海: 中国科学院上海微系统与信息技术研究所, 1999.

[55] Lee H T, Lin H S, Lee C S, et al. Reliability of Sn-Ag-Sb lead-free solder joints [J]. Materials Science and Engineering: A, 2005, 407(1 - 2): 36 - 44.

[56] Shang J K, Zeng Q L, Zhang L, et al. , Mechanical fatigue of Sn-rich Pb-free solder alloys [J]. Journal of Materials Science: Materials in Electronics, 2007, 18(1 - 3): 211 - 227.

[57] Weinbel R C, Tien J K, Pollak R A, et al. Creep-fatigue interaction in eutectic lead-tin solder alloy [J]. Journal of Materials Science, 1987, 22(11): 3901 - 3906.

[58] Chen H T, Wang C Q, Li M Y. Numerical and experimental analysis of the Sn3. 5Ag0. 75Cu solder joint reliability under thermal cycling [J]. Microelectronics Reliability, 2006, 46(8): 1348 - 1356.

[59] Engelmaier W. Solder attachment reliability accelerated testing, and result evaluation[M]. Theory and Applications. NewYork: Van Nostrand Reinhold, 1991: 545 - 587.

[60] Zeng K, Tu K N. Six cases of reliability study of Pb-free solder joint in electronic packaging technology [J]. Materials Science and Engineering R, 2002, 38 (2): 55 - 105.

[61] Gan H, Choi W J, Xu G, et al. Electromigration in solder joints and solder lines [J]. Journal of Electronic Materials, 2002, 54(6): 34 - 37.

[62] Abtew M, Selvaduray G. Lead-free solders in microelectronics [J]. Materials Science and Engineering R, 2000, 27(5): 95 - 141.

[63] 王红芳. SMT 焊点振动疲劳可靠性理论与实验研究[D]. 上海: 上海交通大学, 2001.

[64] Xia Y H, Xie X M. Endurance of lead-free assembly under board level drop test and thermal cycling [J]. Journal of Alloys and Compounds, 2008, 457: 198 - 203.

[65] Ikuo S J, Tomohiro Y, Takehiko T, et al. Tensile properties of Sn-Ag based lead-free solders and strain rate sensitivity [J]. Materials Science and Engineering A, 2004, 366: 50 - 55.

[66] Ladani L J, Dasgupta A. The successive initiation modeling strategy for modeling damage progression: Application to voided solder interconnects [J]. 7th internationnal Conference on Thermal and Multiphysics Simulation and Experiments in Micro-Electronics in Micro-Electronics and Micro-Systems, Como: IEEE, 2006, 38(4): 1 - 6.

[67] Wang D J, Panto R L. Experimental study of void formation in eutectic and lead-free solder bumps of flip-chip assemblies [J]. Journal of Electronic Packaging, 2006, 128: 202 - 207.

[68] Yunus M, Primavera A, et al. Effect of voids on the reliability of BGA/CSP solder joints [J]. Microelectronics Reliability, 2003, 43(12): 2077 - 2086.

[69] Harrion M R, Vincent J H, Steen H A H. Lead free reflow soldering for electronic assemblies [J]. Soldering and Surface Mount Technology, 2001, 13(3): 21 - 38.

[70] Yang L Y, Bernstein J B, Koschmieder T. Assessment of acceleration models used for BGA

solder joint reliability studies [J]. Microelectronics Reliability, 2009, 49(12): 1546 - 1554.

[71] Khatibi G, Wroczewski W, Weiss B, et al. A novel accelerated test technique for assessment of mechanical reliability of solder interconnects [J]. Microelectronics Reliability, 2009, 49(9 - 11): 1283 - 1287.

[72] Tummala R R. Fundamentals of Microsystems Packaging [M]. New York: McGraw - Hill, 2001.

[73] Lau J H, Dauksher W, Vianco P. Acceleration models, constitutive equations, and reliability of lead-free solders and joints [C]. Proceedings of Electronic Components and Technology Conference. New Orleans: IEEE, 2003: 229 - 236.

[74] Deplanque S, Nüchter W, Spraul M, et al. Relevance of primary creep in thermo-mechanical cycling for life-time prediction in Sn-based solders [C]. 6th International Conference on Thermal, Mechanical and Multi-Physics Simulation and Experiments in Micro-Electronics and Micro-Systems. Berlin: IEEE, 2005: 71 - 78.

[75] Jadhav S G, Bieler T R, Subramanian K N, et al. , Stress relaxation behavior of composite and eutectic Sn-Ag solder joints [J]. Journal of Electronic Materials, 2001, 30(9): 1197 - 1205.

[76] 马鑫，何鹏. 电子组装中的无铅软钎焊技术[M]. 哈尔滨：哈尔滨工业大学出版社，2006.

[77] Wu M L. Vibration-induced fatigue life estimation of ball grid array packaging [J]. Journal of Micromechanics and Microengineering, 2009, 19(6): 1 - 12.

[78] Kanchanomai C, Miyashita Y, Mutoh Y. Low cycle fatigue behavior and mechanisms of a eutectic Sn-Pb solder 63Sn/37Pb [J]. International Journal of Fatigue, 2002, 24(6): 671 - 683.

[79] Tummala R R, Rymaszewski E J, Klopfenstein A G. Microelectronics packaging handbook: Part III [M]. New York: Chapman & Hall, 1997.

[80] 张国尚. 80Au/20Sn 钎料合金力学性能研究 [D]. 天津：天津大学，2010.

[81] Chromik R R, Wang D N, Shugar A, et al. Mechanical properties of intermetallic compounds in the Au-Sn system [J]. Journal of Materials Research, 2005, 20(8): 2161 - 2172.

[82] Kuang J H, Sheen M T, Chang C F H, et al. Effect of temperature cycling on joint strength of PbSn and AuSn solders in laser packages [J]. IEEE Transactions on Advanced Packaging, 2001, 24(2): 563 - 568。

[83] Dudek R, Wittler O, Faust W, et al. Design for reliability with AuSn interconnects [C]. Proceedings of the 8th International Conference on Thermal, Mechanical and Multi-Physics Simulation and Experiments in Micro-Electronics and Micro-Systems. London: IEEE. 2007, 1: 183 - 189.

[84] 金丝伯格 V B 著. 板带轧制工艺学[M]. 马东清，陈荣清译. 北京：冶金工业出版社，1998.

[85] 任学平，王先进，李贺军. 材料的热膨胀性质与屈服应力[J]. 科学通报，1991，10：788 - 790.

[86] 陈松，刘泽光，陈登权等. Au/Sn 界面互扩散特征[J]. 稀有金属，2005，4(29)：413 - 417.

[87] 贾连成. 冷轧薄板的变形抗力[J]. 武钢技术，1988，(2)28 - 31.

[88] Simić V, Marinković ž. Thin film interdiffusion of Au and Sn at room temperature [J]. Journal of Less-Common Metals, 1977, 51: 177 - 179.

[89] Buene L, Falkenberg Arell H, Tafty J. A study of evaporated gold-tin films using transmission electron microscopy [J]. Thin Solid Films, 1980, 65(2): 247 - 257.

[90] Buene L, Falkenberg Arell H, Gjynnes J, et al. A study of evaporated gold-tin films using transmission electron microscopy: Ⅱ [J]. Thin Solid Films, 1980, 67(1): 95 - 102.

[91] Nakahara S, McCoy R J. Interfacial void structure of Au/Sn/Al metallization on Ga-Al-As lightemitting diodes [J]. Thin Solid Films, 1980, 72(3): 457 - 461.

[92] Gregersen D, Buene L, Finstad T, et al. A diffusion marker in Au/Sn thin films [J]. Thin Solid Films, 1981, 78(1): 95 - 102.

[93] Nakahara S, McCoy R J, Buene L, et al. Room temperature interdiffusion studies of Au/ Sn thin film couples [J]. Thin Solid Films, 1981, 84(2): 185 - 196.

[94] Okamoto H, Massalski T B. The Au-Sn (gold-tin) system [J]. Bulletin of Alloy Phase Diagrams, 1984, 5(5): 492.

[95] Hultgren R, Desai P D, Hawkins D T, et al. Select edvalues of the Thermodynamic Properties of Binary Alloys [M]. USA: American Society for Metals, 1973.

[96] Hugsted B, Buene L, Finstad T, et al. Interdiffusion and phase formation in Au/ Sn thin film couples with special emphasis on substrate temperature during condensation [J]. Thin Solid Films, 1982, 98: 81 - 94.

[97] Lee T K, Zhang S, Wong C C, et al, Davin Hadikusuma. Interfacial microstructures and kinetics of Au/SnAgCu [J]. Thin Solid Films, 2006, 504: 441 - 445.

[98] Yamada T, Miura K, Kajihara M, et al. Kinetics of reactive diffusion between Au and Sn during annealing at solid-state temperatures [J]. Materials Science and Engineering A, 2005, 390: 118 - 126.

[99] Laurila T, Vuorinen V, Kivilahti J K. Interfacial reactions between lead-free solders and common base materials [J]. Materials Science and Engineering R, 2005, 49: 1 - 60.

[100] 张鑫，袁浩，熊毅等. 钎焊温度与时间对急冷型 Sn2. 5Ag0. 7Cu 焊料合金钎焊接头性能及界面 IMC 生长行为的影响[J]. 试验与研究，2010，11(39)：9 - 11.

[101] Lee K Y, Li M, Tu K N. Growth and ripening of (Au, Ni)Sn_4 phase in Pb-free and Pb-containing solders on Ni/Au metallization [J]. Journal of Materials Research, 2003, 18: 2562 - 2570.

[102] Yoon J W, Chun H S, Koo J M, et al. Microstructural evolution of Sn-rich Au-Sn/Ni flip-chip solder joints under high temperature storage testing conditions [J]. Scripta Materialia, 2007, 56: 661 - 664.

[103] Yoon J W, Kim S W, Jung S B. Effects of reflow and cooling conditions on interfacial reaction

and IMC morphology of Sn - Cu/Ni solder joint [J]. Journal of Alloys and Compounds 2006, 415: 56 - 61.

[104] Yoon J W, Jung S B. Interfacial reactions and shear strength on Cu and electrolytic Au/Ni metallization with Sn-Zn solder [J]. Journal of Material Research, 2006, 21: 1590 - 1599.

[105] Tang W M, He A Q, Liu Q, et al. Solid state interfacial reactions in electrodeposited Ni/Sn couples [J]. International Journal of Minerals: Metallurgy and Materials, 2010, 17: 459 - 463.

[106] Karlsen O B, Kjekshus A, Rost E. Ternary phases in the system Au-Cu-Sn[J]. Acta Chemica Scandinavica, 1990, 44(2): 197 - 198.

[107] Anhock S, Oppermann H, Kallmayer C, et al. Investigations of Au/Sn alloys on different end-metallizations for high temperature applications [J]. Proceedings of the 22nd IEEE/CPMT International Electronics Manufacturing Technology Symposium, New York: IEEE, 1998: 156 - 165.

[108] Vassilev G P, Lilova K I, Gachon J C. Enthalpies of formation of Ni - Sn compounds [J]. Thermochimica Acta, 2006, 447: 106 - 108.

[109] Debski A, Gasior W, Moser Z, et al. Enthalpy of formation of intermetallic phases from the Au-Sn system [J]. Journal of Alloys and Compounds, 2010, 491: 173 - 177.

[110] Debski A, Gasior W, Moser Z, et al. Enthalpy of formation of Au-Sn intermetallic phases: Part II [J]. Journal of Alloys and Compounds, 2011, 509: 6131 - 6134.

[111] Tsai J Y, Chang C W, Shieh Y C, et al. Controlling the microstructures from the gold-tin reaction [J]. Journal of Electronic Materials, 2005, 34(2): 182 - 187.

[112] Yoon J W, Chun, H S, Jung S B. Liquid-state and solid-state interfacial reactions of fluxless-bonded Au - 20Sn/ENIG solder joint [J]. Journal of Alloys and Compounds, 2009, 469: 108 - 115.

[113] Shin C K, Baik Y J, Huh J Y. Effects of microstructual evolution and intermetallic layer growth on shear strength of ball-grid-array Sn-Cu solder joints [J]. Journal of Electronic Materials, 2001, 30(10): 1323 - 1330.

[114] Yoon J W, Chun H S, Jung S B. Liquid-state and solid-state interfacial reactions of fluxless-bonded Au - 20Sn/ENIG solder joint [J]. Journal of Alloys and Compounds, 2009, 469: 108 - 115.

[115] Lee K Y, Li M, Tu K N. Growth and ripening of (Au, Ni)Sn_4 phase in Pb-free and Pb-containing solders on Ni/Au metallization [J]. Journal of Materials Research, 2003, 18: 2562 - 2570.

[116] Kim S S, Kim J H, Booh S W, et al. Microstructure evolution of joint interface between eutectic 80Au - 20Sn solder and UBM[J]. Materials Transactions, 2005, 46: 240 - 2405.

[117] Neumann A, Kjekshus A, Rost E. The ternary system Au-Ni-Sn [J]. Journal of Solid State Chemistry, 1996, 123: 203 - 207.

[118] Yato Y, Kajihara M. Kinetics of reactive diffusion in the (Au-Ni)/Sn system at solid-state

temperature [J]. Materials Science and Engineering A, 2006, 428: 276 - 283.

[119] Li D, Liu C Q, Conway P P. Characteristics of intermetallics and micromechanical properties during thermal ageing of Sn-Ag-Cu flip-chip solder interconnect [J]. Materials Science and Engineering A, 2005, 391: 95 - 103.

[120] Hodúlová E, Marián P, Lechoviˇc E, et al. Kinetics of intermetallic phase formation at the interface of Sn-Ag-Cu-X(X = Bi, In) solders with Cu substrate [J]. Journal of Alloys and Compounds, 2011, 509: 7052 - 7059.

[121] Zhang L, Xue S B, Zeng G, et al. Interface reaction between SnAgCu/SnAgCuCe solders and Cu substrate subjected to thermal cycling and isothermal aging [J]. Journal of Alloys and Compounds, 2012, 510: 38 - 45.

[122] Yen Y W, Chiang Y C, Jao C C, et al. Interfacial reactions and mechanical properties between Sn - 4. 0Ag - 0. 5Cu and Sn - 4. 0Ag - 0. 5Cu - 0. 05Ni-0. 01Ge lead-free solders with the Au/Ni/Cu substrate [J]. Journal of Alloys and Compounds, 2011, 509: 4595 - 4602.

[123] 周俊. 微电子封装中无铅焊料的损伤模型和失效机理研究[D]. 杭州: 浙江工业大学, 2007: 8 - 10.

[124] Chen H T, Li J, Li M Y. Dependence of recrystallization on grain morphology of Sn-based solder interconnects under thermomechanical stress [J]. Journal of Alloys and Compounds, 2012, 540: 32 - 35.

[125] Wong E H, Seah S K W, Shim V P W. A review of board level solders joints for mobile applications[J]. Microelectronics Reliability, 2008, 48: 1747 - 1758.

[126] 范建文, 刘清友, 侯豁然. 超细晶铁素体钢的强度[J]. 金属热处理, 2003, 28 (7): 5 - 10.

[127] Yoon J W, Chun H S, Noh B I, et al. Mechanical reliability of Sn-rich Au-Sn/Ni flip chip solder joints fabricated by sequential electroplating method [J]. Microelectronics Reliability, 2008, 48: 1857 - 1863.

[128] Xia Y H, Xie X M. Reliability of lead-free solder joints with different PCB surface finishes under thermal cycling [J]. Journal of Alloys and Compounds, 2008, 454: 174 - 179.

[129] Li D, Liu C Q, Conway P P. Characteristics of intermetallics and micromechanical properties during thermal ageing of Sn-Ag-Cu flip-chip solder interconnects [J]. Materials Science and Engineering A, 2005, 391: 95 - 103.

[130] Tang W M, He A Q, Liu Q, et al. Solid state interfacial reactions in electrodeposited Ni/Sn couples [J]. International Journal of Minerals Metallurgy and Materials, 2010, 17 (4): 459 - 463.

[131] Mita M, Miura K, Takenaka T, et al. Effect of Ni on reactive diffusion between Au and Sn at solid-state temperatures [J]. Materials Science and Engineering B, 2006, 126: 37 - 43.

[132] Onishi M, Fujibuchi H. Reaction-diffusion in the Cu-Sn system [J]. Materials Transactions, 1975, 16: 539 - 547.

[133] 夏阳华. 无铅电子封装中的界面反应及焊点可靠性[D]. 沈阳: 中国科学院, 2006.

[134] IPMA. The thermodynamic databank for interconnection and packaging materials [M]. Helsinki, Finland: Helsinki University of Technology, 2000.

[135] Gupta K P. An expanded Cu-Ni-Sn system (Copper-Nickel-Tin) [J]. Journal of Phase Equilibria, 2000, 21(5): 479 - 484.

[136] Song H G, Morris J W, McCormack M T. The microstructure of ultrafine eutectic Au-Sn solder joint on Cu [J]. Journal of Electronic Materials, 2000, 29(8): 1038 - 1046.

图书在版编目(CIP)数据

AuSn20焊料的制备与应用基础/韦小凤，王日初著. —长沙：中南大学出版社，2017.3

ISBN 978-7-5487-2722-4

Ⅰ.①A… Ⅱ.①韦…②王… Ⅲ.①软钎料-研究 Ⅳ.①TG425

中国版本图书馆CIP数据核字(2017)第043405号

AuSn20焊料的制备与应用基础

AuSn20 HANLIAO DE ZHIBEI YU YINGYONG JICHU

韦小凤　王日初　著

□责任编辑　史海燕
□责任印制　易红卫
□出版发行　中南大学出版社
社址：长沙市麓山南路　　邮编：410083
发行科电话：0731-88876770　　传真：0731-88710482
□印　　装　长沙鸿和印务有限公司

□开　　本　720×1000　1/16　□印张9　□字数181千字　□插页
□版　　次　2017年3月第1版　□2017年3月第1次印刷
□书　　号　ISBN 978-7-5487-2722-4
□定　　价　42.00元